JN058842

きちんと知りたい！

自動車EMC対策の必須知識

クライソン トロンナムチャイ［著］
Kraisorn Throngnumchai

228点の図とイラストでEMC対策の「なぜ？」がわかる！

日刊工業新聞社

は じ め に

　EMC（電磁干渉）は、他の技術分野と比較して新たな価値を生み出さないとされ、軽視される傾向があります。しかし新しい電子機器を設計・開発する際には、ほとんどの場合でEMCの問題が発生します。その結果、多くの電子技術者は一度や二度はEMCの課題に直面し、自らの経験から得たノウハウで対策してきた経験があると思います。

　EMCの専門知識の重要性はしばしば見落とされがちですが、筆者はそれでも専門知識を持つことが重要だと考えています。なぜならEMCの問題は電磁環境に大きく依存し、極端に言えば配線の一本の有無で結果が大きく異なることがあるからです。過去の経験がそのまま利用できないこともあり、これまでの経験を活かすためにもEMCの専門知識を理解することが不可欠です。さらに専門知識を持つことは製品開発の早い段階で問題を解決し、手戻り（前に戻ってやり直すこと）による開発コストの増加を抑えたり、市場投入までの時間を短縮したりすることにもつながります。このような理由から、本書は単なるルールブックやノウハウ集、事例集ではなく、EMCの専門知識をわかりやすく簡潔に解説することを目標としました。

　まず、EMC分野でよく使用される専門用語を解説するために、第1章でEMCやクロストーク問題の発生要因、構成要素、分類、物理や数学的な理論背景などの基礎知識を簡潔にまとめます。次にEMCの測定と解析の必要性を解説するために、第2章で具体的なツールに焦点を当てています。一般的には高価な専用のEMC測定器が使用されますが、目的によっては手作りの安価な測定器でも十分な結果が得られることがあります。そのため、測定器の使い分けについても簡潔にまとめます。さらに、EMCの規格の必要性と自動車EMCの規格の具体例を第3章で紹介します。ただし、ここで紹介しているのは執筆時点以前の規格であることに注意が必要です。各規格は日々再検討、修正が続けられているため、最新の規格書を入手し、それに従うことが求められます。

　第4章ではここまでの知識の応用としてEMC対策の基本を紹介します。ここで目指しているのはカットアンドトライによる対策からの脱却で、問題点を順序良く特定し、効率的に解決する方法を解説します。最後の第5章では電動

車や自動運転車、コネクテッドカーなどの最新の自動車における新たなEMC課題とその具体的な対策をまとめます。

　本書では、EMCの基本原則から実践的な対策、最新の技術動向までを網羅し、読者がEMCの専門家としてのスキルを向上させる手助けをすることを目指しています。EMCの理解と対策は、現在から将来にかけての車載電子機器設計において不可欠なスキルです。本書がその価値を再評価する一助となることを筆者は願っています。

　なお、ここで紹介した各種技術は、特に日産自動車株式会社の先輩や同僚、後輩らから教わったり議論させて頂いたりしたものです。ここに関係者各位に深く御礼申し上げます。

2024年1月吉日

クライソン　トロンナムチャイ

CONTENTS

第2章
EMCで使われている測定器と
シミュレーションツール

2

第3章
自動車EMC規格の概要

3

第4章
EMC対策の基本

第1章

EMCの基礎知識

Fundamentals of EMC

電磁両立性（EMC）

1-1

電子レンジを使うと、Wi-Fiがつながりにくくなったり通信速度が落ちたり接続が頻繁に切れたりして、インターネットの調子が悪くなることがあります。それはなぜでしょうか？

電子レンジの電波が漏れてWi-Fiルーターに干渉すれば、ルーターの動作に悪影響を与えます（図1）。電子レンジや携帯電話など、電波を利用しているものだけでなく、すべての電子機器がその動作に伴って微弱な電波や電磁波を発します。その電波が周囲の電子機器の動作に影響を与えることがあり、「電磁ノイズ」と呼ばれています。かつては、病院で携帯電話の使用が禁止されていましたが、それは携帯電話の電波が医療機器に影響して誤動作を引き起こす可能性があるためです。同様の理由で飛行機内での電子機器の利用も禁止されてきました。しかし、近年は患者や乗員の利便性向上のために病院内での携帯電話の利用が認められたり、飛行機内で電波を発しないモードでスマートフォンの使用が許可されたりしています。このように、電子機器の利用に関する制限が徐々に緩和されてきています。

■電磁干渉問題の解決策

電波や電磁波などを介した電子機器間の干渉は原理的に避けられない現象です。しかし、発する電磁波の強度を制限し、その限度内の電磁波を受けても誤動作しないように機器を設計することで、電磁干渉の問題を解決することができます。この考え方は「電磁両立性（Electromagnetic Compatibility、略してEMC）」と呼ばれています。

電磁両立性とは電磁環境両立性や電磁（環境）共存性、電磁（環境）適合性などとも呼ばれ、国際規格IEC 60050-161では「装置又はシステムの存在する環境において許容できないような電磁妨害をいかなるものに対しても与えず、かつ、その電磁環境において満足に機能するための装置又はシステムの能力」と定義されています。

■自動車EMCの重要性

現在の車ではパワートレインやシャシ制御、車載インフォテインメントなど、多くの電子機器が搭載されています（図2）。これらの機器が正しく動作しないと安全性や快適性に影響を与える可能性があり、車においてもEMCは非常に重要な要素となっています。そのために、各車両メーカーはEMCに関する厳格な基準を独自に設けています。さらに、車のEMCに関する国内や国際規格が定められており、これらの規格に適合することが求められています。

図1 電子機器間の電磁干渉問題

現在のWi-Fiは2.4GHzと5GHz、2つの周波数帯域の電波を通信に使っている。一方、電子レンジも2.4GHz帯の電波を使って食品を加熱しているため、電子レンジから発生する電磁波がWi-Fiの信号と干渉する可能性がある。

干渉

通信障害

図2 車の電磁両立性（EMC）

従来の車では点火装置から発する電磁ノイズがラジオに干渉して受信状態を悪化させることが主なEMC問題だったが、現在の車にはECUやモータ、インバータ、GPS、ETC、ナビなどの電子機器が搭載されており、これらが互いに干渉せずに正常に動作する必要があり、自動車のEMCがますます重要となっている。

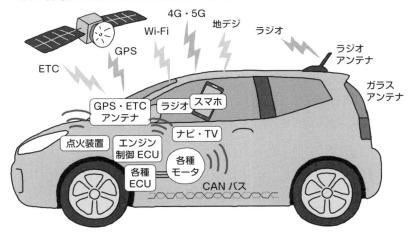

POINT
- ◎電子機器が発する電磁波が周囲の電子機器に影響を与えることがある
- ◎EMCとは電磁妨害を与えず、妨害を受けても機能する能力を指す
- ◎車においてもEMCは重要な要素となっている

EMC問題には次の3つの要素があります (図1)。

1. 妨害の元となる電磁ノイズを放出する発生源
2. 電磁ノイズの影響を受けて誤作動する被妨害システム
3. 発生源から被妨害システムまで電磁ノイズが伝わるための伝搬経路

また電磁ノイズの伝わり方には次の2通りの伝搬方法があります。

1. 伝導と呼ばれているケーブルなどの導体に沿って電磁波が伝搬する方法
2. 放射と呼ばれている導体を介さずに空間を直接電磁波が伝搬する方法

さらに放射には次の3種類の結合があります。

1. 電界を媒体とし、静電誘導によって結合する静電結合
2. 磁界を媒体とし、電磁誘導によって結合する磁気結合
3. 電波や電磁波の送受によって発生する電磁波結合

◤ EMCの分類

EMC問題は発生源の能力を表す「電磁干渉（Electromagnetic Inteference、略し
てEMI）」だけで決まるわけではなく、被妨害システムの能力を表す「電磁感受性
（Electromagnetic Susceptibility、略してEMS）」も影響します。

EMIとは発生源から伝搬することで周囲の電子機器や装置またはシステムの性
能を低下させる電磁波のことで、エミッション（Emission）や電磁妨害、電磁障害、
電波障害などとも呼ばれています。一方、EMSとは被妨害システムが他の機器や
システムなどからのEMIを受けても誤動作せず正常に機能する耐性のことで、イ
ミュニティー（Immunity）や電磁感応性、電磁感度などとも呼ばれています。

EMCはEMIとEMSの2種類の能力と、伝導と放射の2種類の伝搬経路によって
伝導エミッション、伝導イミュニティー、放射エミッション、放射イミュニティー
の計4種類に分類されています （図2）。

図1 EMC問題の構成要素

EMC問題は発生源と被妨害システムの他に、伝搬の仕方や経路も関係し、伝搬経路を断つことによってEMCを解決できることがある。伝搬の仕方には伝導と放射があり、さらに放射は静電結合や磁気結合、電磁波結合に分類できる。

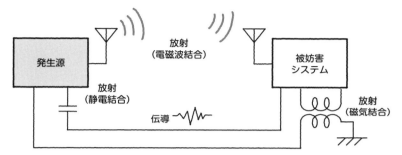

図2 EMCの分類

EMCは発生源と被妨害システムの観点からEMIとEMSに分類され、さらにEMIとEMSそれぞれが伝搬の仕方の観点から伝導と放射に分類されている。

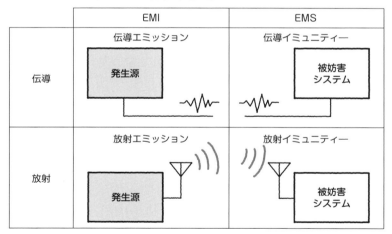

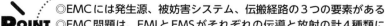
◎EMCには発生源、被妨害システム、伝搬経路の3つの要素がある
◎EMC問題は、EMIとEMSがそれぞれの伝導と放射の計4種類にEMCを分類できる

1-3 伝導ノイズの分類

電源にはノーマルモードノイズとコモンモードノイズがあるようですが、これらはどういうノイズで、どんな違いがありますか？

　山の高さを表すのに海面を基準にした海抜が使われているように、電気回路の電圧は接地を基準としています。接地はグラウンド（GND）やグランド、アースなどとも呼ばれ、車では車体が接地としてよく使われています。

　一方、回路を電流が流れるためには経路が一巡している必要があり、そのために、例えばバッテリーと負荷をつなぐには一般に往復2本の電線が必要になります（図1）。しかし車の場合では配線の本数を減らす目的で従来からボディーアースと呼ばれる方法で電源の接続が行われてきました。ボディーアースとはバッテリーや負荷の負極を車体につなぎ、電流の戻り道として車体を利用する接続方法です（図2）。ボディーアースによって配線の本数を減らすことができますが、電磁ノイズを含む色々な電流が車体を流れるために回路がノイズに弱くなってしまう欠点があります。

■伝導ノイズのモード

　電磁ノイズの発生源と被妨害システムの間にケーブルの束など複数本のケーブルがある場合では、これらのケーブルを伝導する電磁ノイズはケーブルの本数だけのモードに分けることができます。特にケーブルが2本の時には、次の2種類のモードがあります（図3）。

1. ノーマルモード

　ノーマルモードとは、電磁ノイズの電流が2本のケーブルのうち片方を通って流れ、もう一方のケーブルが戻り道となる電磁ノイズの伝導の仕方です。ノーマルモードでは、接地に電流が流れずに両ケーブルに逆方向の電流が流れて電位差が生じます。

2. コモンモード

　コモンモードとは電磁ノイズの電流が両ケーブルを同時に流れ、接地を通って戻るような電磁ノイズの伝搬の仕方です。コモンモードでは、両ケーブルに電位差がなく同電位になっています。

　2本のケーブルが接地に対して対称であれば、ノーマルモードとコモンモードのノイズが独立して混ざり合うことができません。しかし非対称なケーブルの場合にはノーマルモードとコモンモードのノイズが結合し、ノーマルモードからコモンモードのノイズが発生したりします。

図1　一般的な電気回路の配線

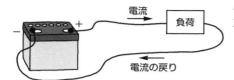

電流が回路を流れるにはその経路が一周して元に
戻るための電流の戻り道がなくてはならない。

図2　車で採用されているボディーアース

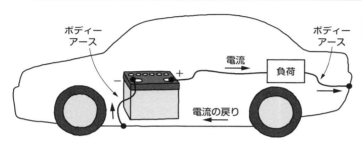

車体を電流の戻り道に
使うことで配線の本数
を減らしている。

図3　伝導ノイズの分類

2本のケーブルを伝わる電磁ノイズはノーマルモードとコモンモードに分類される。

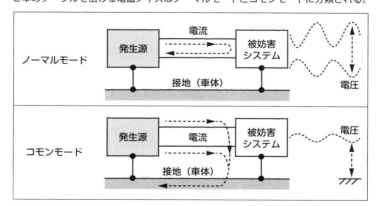

POINT
◎車では車体を電圧の基準（接地）としてよく使うため、ノイズに弱い
◎発生源と被妨害システムの間に2本のケーブルがある場合、ノーマルモード
とコモンモードのノイズが発生する

1-4 EMCの物理的な背景
EMCの背景にはどんな物理があって、ノイズの解析にはどういう理論が使われていますか？

EMCは周波数によってその性質が大きく異なります。EMCの解析では、対象にしているケーブルの長さや導体、空間の大きさ、寸法によって次のような電磁気学の理論が使い分けられています（図1）。

1. オームの法則と静電誘導、電磁誘導の法則

オームの法則は、ケーブルなどを流れる電流とその両端の電圧の関係を示す方程式です。また静電誘導とは導体に帯電体を近づけるとその導体が電荷を帯びる現象で、これによって導体の静電容量が決まります。さらに電磁誘導とは磁束の変化によって導体に電位差が生じる現象で、これによって導体のインダクタンスが決まります。これらの法則は電気回路理論の基礎となっています。

2. 伝送線路理論

ケーブルの長さが伝搬する電磁ノイズの波長よりも長くなると、ケーブル上の電流や電圧が振動して波状で伝搬します。このような状態を解析するには、電信方程式などの伝送線路理論が使われています。

3. マクスウェルの電磁方程式

マクスウェルの電磁方程式は次の4つの法則から成り立っています。

（1）電界に関するガウスの法則

（2）磁界に関するガウスの法則

（3）電磁誘導に関するファラデーの法則

（4）電流と磁界の関係に関するアンペールの法則とマクスウェルによる拡張

オームの法則などを含めて、すべての電磁現象はマクスウェルの電磁方程式で説明することができます。しかしそれにはベクトルの微積分など、高度な数学が必要になるので現実的ではありません。オームの法則が使える場合には、マクスウェルの電磁方程式を持ち出さずにオームの法則が使われています。

4. アンテナ理論

電波や電磁波の発生や受信に使うアンテナの解析や設計には、マクスウェルの電磁方程式の近似解が使われています。特にEMCの分野ではダイポールやモノポール、ループアンテナなどの線状アンテナに関する解析がよく使われています。

⚙ 図1 EMCの解析に使われている電磁気学の各理論

EMCの解析に適している電磁気学の理論は、解析対象となっているケーブルの長さや導体、空間の大きさ、寸法によって異なっている。

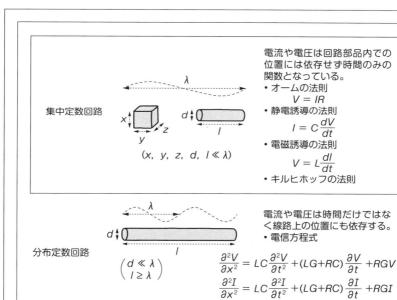

集中定数回路

$(x,\ y,\ z,\ d,\ l \ll \lambda)$

電流や電圧は回路部品内での位置には依存せず時間のみの関数となっている。
- オームの法則
  $$V = IR$$
- 静電誘導の法則
  $$I = C\frac{dV}{dt}$$
- 電磁誘導の法則
  $$V = L\frac{dI}{dt}$$
- キルヒホッフの法則

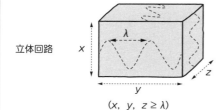

分布定数回路

$$\left(\begin{array}{c} d \ll \lambda \\ l \ge \lambda \end{array}\right)$$

電流や電圧は時間だけではなく線路上の位置にも依存する。
- 電信方程式

$$\frac{\partial^2 V}{\partial x^2} = LC\frac{\partial^2 V}{\partial t^2} + (LG+RC)\frac{\partial V}{\partial t} + RGV$$

$$\frac{\partial^2 I}{\partial x^2} = LC\frac{\partial^2 I}{\partial t^2} + (LG+RC)\frac{\partial I}{\partial t} + RGI$$

立体回路

$(x,\ y,\ z \ge \lambda)$

磁界（電流）や電界（電圧）は空間の位置にも依存する。
- マクスウェルの電磁方程式

$$\nabla \cdot \vec{E} = \frac{\rho}{\varepsilon} \qquad \nabla \cdot \vec{B} = 0$$

$$\nabla \cdot \vec{E} = -\frac{\partial \vec{B}}{\partial t}$$

$$\nabla \cdot \vec{H} = j + \frac{\partial \vec{D}}{\partial t}$$

POINT

◎EMCの解析には、寸法によってオームの法則や伝送線路理論、マクスウェルの電磁方程式、アンテナ理論などが使い分けられている
◎EMCの分野では線状アンテナに関する理論がよく使われている

EMCの解析に使われている数学

1-5

EMC解析にはどんな手法が使われていますか？　なぜEMCがよく周波数領域で解析されているのでしょうか？

　オームの法則やマクスウェルの電磁方程式を連立して解くことで、複雑な伝搬経路を経由して電磁ノイズが発生源から被妨害システムまで伝播し、EMC問題を引き起こす過程を解析することができます。この解析には代数学や解析学がよく応用されています（図1）。

■ EMC解析のための線形代数学

　EMCの場合、伝搬経路となるケーブルや空間などは線形であるため、行列などの線形代数学的な手法が使われています。例えば、磁気結合しているインダクタンスの回路方程式を固有値解析し、対角化することで電圧や電流を求めることができます（図2）。同様に、結合している2本の伝送線路の場合も電信方程式を対角化することで、ノーマルモードやコモンモードなどのモード解析を行うことができます。

■ EMC解析のためのフーリエ解析

　EMCでは周波数領域での解析がよく行われています。その理由の1つは、周波数不変性と呼ばれる性質があるからです。周波数の異なる複数の電磁ノイズが同時に伝搬しても互いに独立して混ざり合うことはないため、周波数にはEMCの発生源に関する多くの情報が含まれています（図3）。また、比較的電磁ノイズの影響を受けやすいラジオやWi-Fiなどの無線通信機器などでは、それぞれに決まった周波数で放送や信号のやり取りをしているため、異なる周波数の電磁ノイズの影響を受けにくい性質があります。

　周波数領域でEMCを解析するには、電磁ノイズの波形をフーリエ級数展開やフーリエ変換して様々な周波数成分の正弦波の和として表します。フーリエ解析によって得られた正弦波はハーモニックやスペクトルと呼ばれ、各周波数スペクトルの振幅や位相を分析することで電磁ノイズの強さや特徴を把握したり、発生源や伝搬経路を特定したり、ノイズを低減するためのフィルターを適切に設計したりすることができます。

　このように、線形代数学とフーリエ解析は、EMC解析において重要なツールとなっています。これらの手法を組み合わせることで、電磁ノイズの発生・伝搬・干渉のメカニズムを理解し、EMC対策や設計の最適化を行うことが可能となります。

図1 EMCの解析によく使われている数学

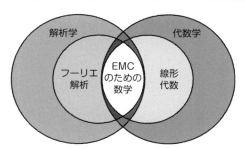

EMCを解析するために特に線形代数とフーリエ解析がよく使われている。

図2 EMCの解析に使われている線形代数学的な手法の例

連立方程式を行列で表現し、行列の固有値を求めて対角化する線形代数の計算手法がEMCの解析によく使われている。

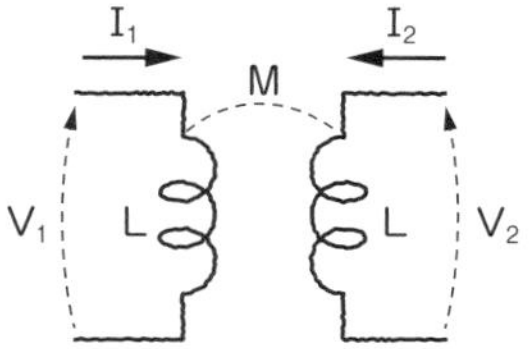

$$V_1' = V_1 + V_2$$
$$V_2' = V_1 - V_2$$
$$I_1' = I_1 + I_2$$
$$I_2' = I_1 - I_2$$

$$\frac{d}{dt}\begin{pmatrix} V_1 \\ V_2 \end{pmatrix} = \begin{pmatrix} L & M \\ M & L \end{pmatrix}\begin{pmatrix} I_1 \\ I_2 \end{pmatrix} \xrightarrow{\text{対角化}} \frac{d}{dt}\begin{pmatrix} V_1' \\ V_2' \end{pmatrix} = \begin{pmatrix} L+M & 0 \\ 0 & L-M \end{pmatrix}\begin{pmatrix} I_1' \\ I_2' \end{pmatrix}$$

図3 周波数不変性

電磁ノイズがケーブルや空間などを伝搬する際に減衰して振幅が変化するが、周波数は変わらない。

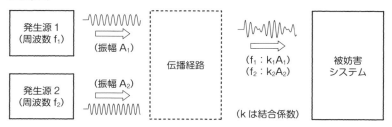

POINT
◎オームの法則やマクスウェルの電磁方程式を使って問題を解析できる
◎EMCを解析するのに対角化などの線形代数学的手法が使われることがある
◎EMC解析ではフーリエ解析による周波数領域での解析が重要である

台形波の周波数スペクトル

EMCの分野でどんな風に周波数解析が使われ、具体的なEMC対策とどのように関係していますか？

　パワーエレクトロニクス回路では、電圧や電流を制御するためにスイッチをオンとオフに切り替えるパルス幅変調（PWM）などの手法が使われています。しかしスイッチのターンオンやターンオフには一定の時間がかかるため、パワーエレクトロニクス回路の電圧や電流波形は台形の形状をしています。同様に、デジタル回路でもクロックなどの信号は台形の形状をしています。

　周期T、立上がり時間t_r、パルス幅T_{on}、振幅Aを持つ台形波のフーリエ解析を行うと、その周波数スペクトル$|X(f)|$の包絡線を求めることができ、$|X(f)|$は次の3つの領域に分割されることがわかります（図1）。

(1) 周波数が低い領域$\left(f \leq \dfrac{1}{\pi T_{on}}\right)$では$|X(f)|$の包絡線は$f$に依存せず一定になっています。

(2) 周波数が高くなり、$\dfrac{1}{\pi T_{on}} < f \leq \dfrac{1}{\pi t_r}$の領域では$|X(f)|$の包絡線が$f$に反比例して減少します。

(3) 周波数がさらに高くなり、$f > \dfrac{1}{\pi t_r}$の領域では$|X(f)|$の包絡線がf^2に反比例して減少します。

　この解析から、例えばパワーMOSFETのゲート抵抗を大きくすれば、立上がり時間や立下り時間が延びて電磁ノイズが抑制されることを理解できます（図2）。

　また実際のパワーエレクトロニクス回路などでは、配線やケーブルなどの寄生インダクタンスと各種寄生静電容量によって共振回路が構成され、電圧や電流波形にリンギングと呼ばれる振動が発生することがあります（図3）。リンギング波形の周波数スペクトル$|X(f)|$の包絡線を台形波と比較すると、共振周波数周辺の電磁ノイズが共振によって増加していることがわかります。EMCを対策するには、設計段階で共振を抑制したり共振の品質を表すQ値を適切に制御したりする必要があります。

　以上のようにフーリエ解析を通して周波数スペクトルを調べることで、電磁ノイズの発生メカニズムを明確にすることができ、その結果EMCを設計して信頼性の高い回路を実現することができます。

図1 台形波の周波数スペクトルとその包絡線

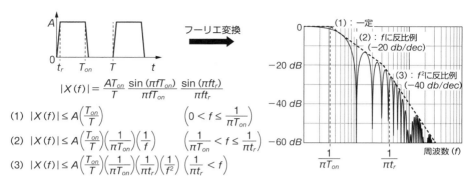

フーリエ変換

$$|X(f)| = \frac{AT_{on}}{T} \frac{\sin(\pi f T_{on})}{\pi f T_{on}} \frac{\sin(\pi f t_r)}{\pi f t_r}$$

(1) $|X(f)| \leq A\left(\frac{T_{on}}{T}\right)$ $\quad\left(0 < f \leq \frac{1}{\pi T_{on}}\right)$

(2) $|X(f)| \leq A\left(\frac{T_{on}}{T}\right)\left(\frac{1}{\pi T_{on}}\right)\left(\frac{1}{f}\right)$ $\quad\left(\frac{1}{\pi T_{on}} < f \leq \frac{1}{\pi t_r}\right)$

(3) $|X(f)| \leq A\left(\frac{T_{on}}{T}\right)\left(\frac{1}{\pi T_{on}}\right)\left(\frac{1}{\pi t_r}\right)\left(\frac{1}{f^2}\right)$ $\quad\left(\frac{1}{\pi t_r} < f\right)$

(1)：一定
(2)：fに反比例（−20 db/dec）
(3)：f²に反比例（−40 db/dec）

図2 ゲート抵抗による電磁ノイズの低減

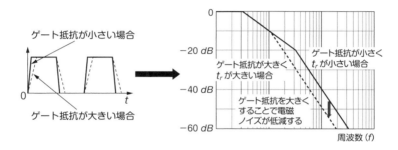

ゲート抵抗が小さい場合

ゲート抵抗が大きい場合

ゲート抵抗が大きく t_r が大きい場合

ゲート抵抗が小さく t_r が小さい場合

ゲート抵抗を大きくすることで電磁ノイズが低減する

図3 リンギングによる電磁ノイズの増加

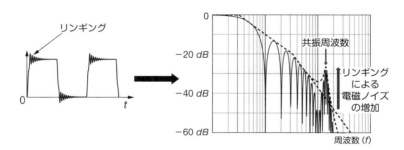

リンギング

共振周波数

リンギングによる電磁ノイズの増加

POINT

◎ゲート抵抗を大きくすれば、立上がり時間や立下り時間が延びて電磁ノイズが抑制される

◎EMC設計において共振特性を適切に制御する必要がある

クロストークノイズ

クロストークノイズとは何ですか？　車のEMCとどのように関係していますか？

　現在の車はガソリン車であってもエンジンやステアリング、ブレーキなどの制御において電子化や情報化が進んでいます。そのため、車1台当たり数十以上もの高性能な電子制御ユニット（ECU）が使われています。これらのECUと各種センサやアクチュエータは、ワイヤハーネスと呼ばれる配線で接続され、多くの信号をやり取りしたり電力を運んだりしています（図1）。車1台あたりのワイヤハーネスの総本数は数百から数千本にも上り、配線の長さを足し合わせた総線長は数kmにもなります。またその重さは数十kgにも及びます。これらのワイヤハーネスは密集して配置されているため、お互いが干渉し合って信号波形を歪ませクロストークと呼ばれる電磁ノイズが発生することがあります。クロストークは漏話や混線、混信とも呼ばれ、他の回線の電話が漏れ聞こえるなど、アナログ通信でも起きることがありますが、特に高速デジタル通信では顕著に信号品質の劣化を引き起こします。

　クロストークノイズの発生源となる信号線の送信端から受信端に向かって信号が流れる際に、信号の電圧や電流の時間変化が静電結合や磁気結合を介して、被妨害システムにつながっている近接する別の配線に漏れてしまい、被妨害システムの信号に加算・干渉することで被妨害システムの信号伝送を妨害します（図2）。一般に発生源の送信端に近いほうのクロストークは近端クロストーク（Near End Cross Talk、略してNEXT）、受信端に近いほうは遠端クロストーク（Far End Cross Talk、略してFEXT）と呼ばれ、NEXTとFEXTでは信号の流れとノイズの向きが異なります。具体的にはNEXTでは発生源の信号とノイズは逆方向に、FEXTでは信号とノイズが同じ方向になります。通常NEXTは発生源に近いため、ノイズが減衰しにくく、一方、FEXTではノイズが減衰しやすくノイズの大きさが小さくなる傾向があります。

　クロストークは結合が強く、並行する線の長さが長いほど、また信号の立上がりや立下り時間が短いほど大きくなります。線と線の間の距離を広げたり、信号の立上がりや立下り時間を延ばしたりすることでクロストークノイズを低減することができます。

図1　現在の車に張り巡らされたワイヤハーネス

ワイヤハーネスはエンジンルームだけではなく、インストルメントパネルやダッシュボード、フロア、ルーフ、トランクルーム、ドアなど、車のありとあらゆるところに張り巡らされている。

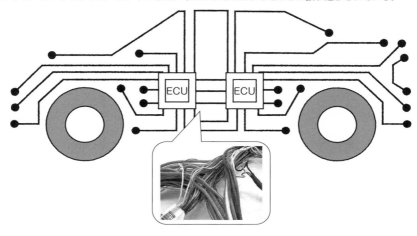

図2　クロストークの発生

2本のケーブルが並行している時に、それらの間の静電結合や磁気結合によって近端クロストークや遠端クロストークが発生して被妨害システムの信号伝送を妨害する。

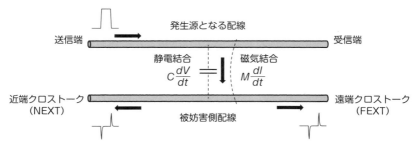

POINT

◎現在の車は電子化や情報化が進んでおり、多くのワイヤハーネスが密集して配置されているためにクロストークが発生しやすい

◎クロストークは距離や信号の波形で低減できる

信号品質と電源品質
高速デジタル回路の設計にSIやPIが使われているようですが、これらは何ですか?

　クロストークによって、被妨害システムの送信端から送信された信号が受信端で正しく読み取れなくなることがあります。さらにワイヤハーネスなどの伝送線路が長い場合や信号の周波数が高い場合も、信号が減衰して受信端に届かなくなる可能性があります。また無反射終端されていない伝送線路では、反射によって信号が歪むことがあります（図1）。デジタル信号を歪ませたり崩したりすることなく伝送する品質は、シグナル・インテグリティ（Signal Integrity、略してSI）と呼ばれ、特に高速なデジタル回路の設計には欠かせない要件となっています。

　また、特にプリント基板の設計などでは、電源電圧の品質も重要になっています。LSIの微細化や高性能化、低消費電力化に伴って電源電圧が低下し、消費電流が増加する傾向があります。電流が大きくなると配線の抵抗によって電圧が大きく低下し、電源電圧の品質が劣化します。電源電圧の品質はパワー・インテグリティ（Power Integrity、略してPI）と呼ばれ、PIの劣化がSIの劣化を引き起こす要因にもなります。

　クロックをトリガーにしてパターン000や001、010などの信号波形の遷移を多数測定し、重ねて表示することでSIを評価できます（図2）。この図形は目の形に似ているため、アイパターン（Eye Pattern）またはアイダイアグラム（Eye Diagram）と呼ばれ、縦軸は電圧振幅、横軸は時間を表しています。アイパターンの開口部はアイと呼ばれ、その形状はSIの判断基準として使用されます。例えば、クロストークやノイズによって振幅にバラツキが発生している場合、アイの最上部と最下部のラインが太く表示されます。

　一方、ジッタ（Jitter）と呼ばれる信号のタイミングの変動などが発生し、時間軸方向にバラツキがある場合、アイの縦方向を走るラインが太く表示されます。アイパターンを使用して客観的にSIをチェックする方法として、マークテストと呼ばれる手法が利用されています（図3）。マークテストでは、定義されたひし形や六角形のマークをアイパターンに重ね、マークとラインが重ならなければSIが十分であり、規格に適合していると判断します。

図1 反射による信号の歪み

終端抵抗が線路の特性インピーダンスとマッチングしていない場合、反射が起こることで信号の品質が劣化する。

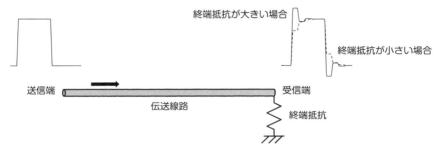

図2 アイパターン

アイパターンを利用すれば、伝送データの波形やスキュー、ジッタなどの品質を視覚的かつ直感的に評価できる。

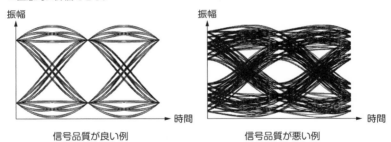

信号品質が良い例　　　　　　　　信号品質が悪い例

図3 マークテスト

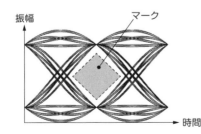

アイパターンに定められたマークを重ね、マークとラインが重ならなければ合格とする客観的なSIの評価手法で、図は合格している例を示している。

POINT
◎クロストークの他に伝送線路の長さや信号の周波数、信号の反射、電源電圧の品質（PI）劣化などが信号品質（SI）劣化の原因になるので、注意して設計する必要がある

アンテナ理論による放射電磁ノイズ解析

放射電磁ノイズはどのように解析されていますか？ ノーマルモードとコモンモードからの放射はどのように違いますか？

　微小ループや微小ダイポールのような基本的な線条アンテナの理論によって、ノーマルモードやコモンモードノイズからの放射特性を理解することができます。

　ノーマルモードでは電流が接地を流れずにループを描いて一周します。この電流による放射電磁ノイズは、微小ループアンテナから放射される電磁界として計算することができます（図1）。この計算結果から、次のことがわかります。

(1) ノーマルモードノイズからの放射強度は、ループを流れる電流とループの面積に比例します。ノーマルモード電流とループの面積を小さくすることでノイズを抑えることができます。

(2) ループの極近い領域$\left(d \ll \dfrac{\lambda}{2\pi}\right)$では磁界の強度$|H|$が電界よりも強く、その強度は周波数$f$や波長$\lambda$に依存せず、距離$d$の3乗に反比例します。

(3) ループから十分離れた領域$\left(d \gg \dfrac{\lambda}{2\pi}\right)$では電界と磁界の強度が周波数$f$の2乗に比例し、距離$d$に反比例します。またこの領域では、電界の強度$|E|$を磁界の強度$|H|$で割った波動インピーダンス$\dfrac{E}{H}$は一定値の377Ωとなります（図2）。

　一方、コモンモードではケーブルなどの配線がループを描かず、電流が配線を流れた後に接地を流れます。コモンモード電流による放射電磁ノイズは、微小ダイポールアンテナから放射される電磁界の式を使って計算することができます（図3）。この計算結果から、次のことがわかります。

(1) コモンモードノイズからの放射強度は電流と電流経路の長さに比例し、コモンモード電流と経路の長さを小さくすることでノイズを抑えることができます。

(2) 電流経路の極近い領域$\left(d \ll \dfrac{\lambda}{2\pi}\right)$では電界の強度$|E|$が磁界よりも強く、その強度は距離$d$の3乗に反比例するだけでなく、周波数$f$にも反比例します。

(3) 電流経路から十分離れた領域$\left(d \gg \dfrac{\lambda}{2\pi}\right)$では電界と磁界の強度が周波数$f$に比例し、距離$d$に反比例します。またこの領域ではノーマルモードの場合と同様に、波動インピーダンス$\dfrac{E}{H}$は一定値の377Ωとなります（図2）。

✿ 図1 ループ面積Aのノーマルモードノイズからの放射電磁界

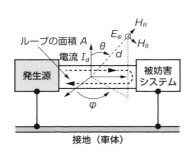

$$H_R = \frac{I_d A \cos\theta}{2\pi}\left(\frac{1}{d^3} + \frac{2\pi j}{\lambda d^2}\right)e^{-j\frac{2\pi d}{\lambda}}$$

$$H_\theta = \frac{I_d A \sin\theta}{4\pi}\left(\frac{1}{d^3} + \frac{2\pi j}{\lambda d^2} - \frac{4\pi^2}{\lambda^2 d}\right)e^{-j\frac{2\pi d}{\lambda}}$$

$$E_\varphi = -j\frac{Z_0 I_d A \sin\theta}{2\lambda}\left(\frac{1}{d^2} + \frac{2\pi j}{\lambda d}\right)e^{-j\frac{2\pi d}{\lambda}}$$

但し $Z_0 = \sqrt{\dfrac{\mu_0}{\varepsilon_0}} = 377\ \Omega$、$\lambda = \dfrac{1}{f\sqrt{\varepsilon_0\mu_0}}$

✿ 図2 波動インピーダンスの距離依存性

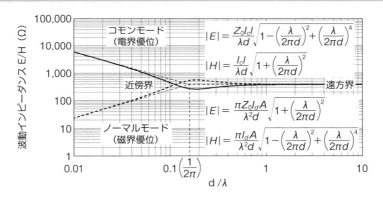

$$|E| = \frac{Z_0 I_c l}{\lambda d}\sqrt{1 - \left(\frac{\lambda}{2\pi d}\right)^2 + \left(\frac{\lambda}{2\pi d}\right)^4}$$

$$|H| = \frac{I_c l}{\lambda d}\sqrt{1 + \left(\frac{\lambda}{2\pi d}\right)^2}$$

$$|E| = \frac{\pi Z_0 I_d A}{\lambda^2 d}\sqrt{1 + \left(\frac{\lambda}{2\pi d}\right)^2}$$

$$|H| = \frac{\pi I_d A}{\lambda^2 d}\sqrt{1 - \left(\frac{\lambda}{2\pi d}\right)^2 + \left(\frac{\lambda}{2\pi d}\right)^4}$$

✿ 図3 長さlのコモンモードノイズからの放射電磁界

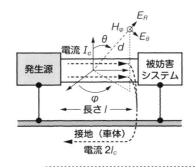

$$E_R = -j\frac{\lambda Z_0 I_c l \cos\theta}{2\pi^2}\left(\frac{1}{d^3} + \frac{2\pi j}{\lambda d^2}\right)e^{-j\frac{2\pi d}{\lambda}}$$

$$E_\theta = -j\frac{\lambda Z_0 I_c l \sin\theta}{4\pi^2}\left(\frac{1}{d^3} + \frac{2\pi j}{\lambda d^2} - \frac{4\pi^2}{\lambda^2 d}\right)e^{-j\frac{2\pi d}{\lambda}}$$

$$H_\varphi = -j\frac{I_c l \sin\theta}{2\pi}\left(\frac{1}{d^2} + \frac{2\pi j}{\lambda d}\right)e^{-j\frac{2\pi d}{\lambda}}$$

但し $Z_0 = \sqrt{\dfrac{\mu_0}{\varepsilon_0}} = 377\ \Omega$、$\lambda = \dfrac{1}{f\sqrt{\varepsilon_0\mu_0}}$

POINT

◎ノーマルモード電流はループの近くで磁界が優位で、遠くで電界と磁界が比例する

◎コモンモード電流は経路の近くで電界が優位で、遠くで電界と磁界が比例する

台形波の放射電磁ノイズ

パワーエレクトロニクスなどの回路でよく現れる台形波電流から、どんな電磁ノイズが放射されますか？

パワーエレクトロニクスやデジタル回路では台形波がよく現れ、この台形波はノーマルモードとコモンモードとしてケーブルなどの伝送線路を伝導します。それぞれのモードが発する電磁ノイズの解析は、台形波の周波数スペクトルとアンテナ理論を組み合わせることで行うことができます。

ノーマルモードの遠方領域における放射電界や、磁界の強度と台形波の周波数スペクトルが組み合わされることで、ノーマルモードにおける台形波の放射電磁ノイズは次のような周波数特性を示します（図1）。

(1) $f \leq \dfrac{1}{\pi T_{on}}$ の範囲では放射電磁界の強度は f^2 に比例します。

(2) $\dfrac{1}{\pi T_{on}} < f \leq \dfrac{1}{\pi t_r}$ の範囲では放射電磁界の強度は f に比例します。

(3) $f > \dfrac{1}{\pi t_r}$ の範囲では放射電磁界の強度は一定値となります。

この周波数特性からノーマルモード電流による放射電磁ノイズは、特に $\dfrac{1}{\pi t_r}$ 以上の高い周波数で問題になる傾向があることがわかります。

ノーマルモードからの放射電磁ノイズは電流ループ面の左右方向に発生し、上下垂直方向には発生しません（図2）。

一方、コモンモードの放射電磁界の強度はノーマルモードと異なるため、コモンモードにおける台形波の放射電磁ノイズは次のような周波数特性を示します（図3）。

(1) $f \leq \dfrac{1}{\pi T_{on}}$ の範囲では放射電磁界の強度は f に比例します。

(2) $\dfrac{1}{\pi T_{on}} < f \leq \dfrac{1}{\pi t_r}$ の範囲では放射電磁界の強度は一定値となります。

(3) $f > \dfrac{1}{\pi t_r}$ の範囲では放射電磁界の強度は f に反比例します。

この周波数特性からコモンモード電流による放射電磁ノイズはノーマルモードの場合と異なり、比較的低い周波数でも問題になる傾向があることがわかります。

コモンモードからの放射電磁ノイズは伝送線路の側面に発生して線路の周りで一定となり、線路の回転方向には依存性がありません。

図1 ノーマルモード台形波電流の放射スペクトル

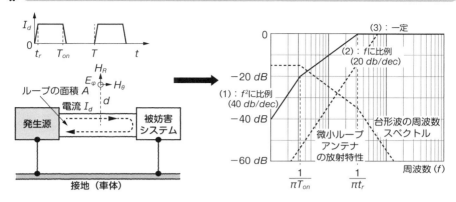

図2 ノーマルモード電流の放射指向性

図3 コモンモード台形波電流の放射スペクトル

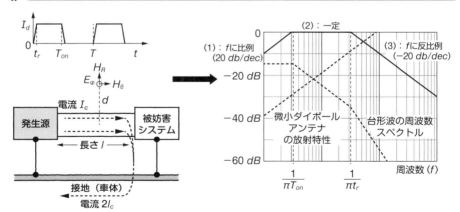

POINT ◎ノーマル、コモンモード電流の台形波から放射される電磁ノイズは、それぞれ高い周波数、低い周波数で問題になる傾向がある

電磁ノイズの活用

　電磁ノイズの一般的な話題は抑制や対策が主題になりますが、電磁ノイズを活用する例もあります。例えば最近ではジャマーとも呼ばれる携帯電話抑止装置を導入するコンサートホールや劇場が増えています。演奏中、この装置は携帯電話やスマホを一時的に通信不能にし、通話を妨げます。これによって観客は、演奏前に携帯電話を機内モードに切り替えたり電源を切ったりする必要がなくなります。

　通常、携帯電話は絶えず基地局からの電波を受信し、通信を行っています。通話を妨げるには、コンサートホールを金属などの導電体で囲む方法があります。この方法によって基地局からの電波が届かなくなり、通信が不能になります。しかしこの方法は、大規模な改修工事を必要とします。簡便な方法として携帯電話抑止装置が利用されています。この装置は基地局の電波よりも強力な電波を周囲に発信し、基地局との通信を妨害します。これによってコンサートホール内に通信できない圏外領域を作り出すことができます。

　この技術は、演奏中に電話が鳴り響いて演奏の妨げになることを防止できるため、静寂性を保つのに役に立ちます。しかし電波法による制約があり、運用には慎重な検討が必要です。また装置の設置には総務省電波管理局の許可が必要です。

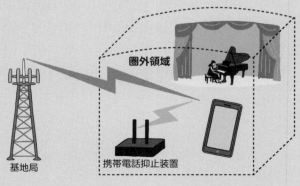

圏外領域

基地局

携帯電話抑止装置

第2章

EMCで使われている測定器とシミュレーションツール

Measuring Instruments and
Simulation Tools for EMC

EMCにおける測定器と解析ツールの目的

2-1

EMCを測定したり解析したりする目的は何で、どのような測定器や解析ツールが使われていますか?

EMC分野では電子回路の測定によく使われているマルチメーター(テスター)やオシロスコープに加えて、スペクトラムアナライザ(スペアナ)やEMIレシーバーなど、様々な測定器が使用されています。EMCの測定は、主に以下の2つの目的で行われます。

1. 規格適合性の確認

実際の製品開発では、EMC問題の多くはEMIやEMS規格の不適合によって引き起こされます。これらの規格に合致し、認証を受けるためにはそれぞれの規格で厳密に定められた測定環境および測定器を使用して試験する必要があります。EMCの規格試験では定量性が求められるため、正確に校正された高価な測定器を使用する必要があります。

2. 開発の初期段階での課題の早期発見や対策効果の確認

一般に製品開発の早い段階では可能なEMC対策の数が多く、コストも比較的安く抑えられます。一方、開発が進んで商品化に近づくと可能なEMC対策は限られ、コストも高くなる傾向があります(図1)。開発の初期段階では定性的な測定や相対的な測定で電磁ノイズの発生源を特定して課題を早期に発見し、対策の効果を確認することができます。この場合、必ずしも高精度な測定器である必要はなく、安価な測定器や自作の測定器でも十分に利用できる場合があります。

簡易な測定器の他に、電磁界や電子回路などの解析ツールもEMC課題の早期発見や早期対策に使われています。EMCを解析するにはまずレイアウトから寄生インダクタンスや相互インダクタンス、寄生静電容量などを抽出します。次に回路解析ツールを使って寄生素子を含む回路の動作を解析し、各部の電圧・電流を求めて伝導ノイズやクロストークノイズ、信号や電源の品質などを評価します。さらに電磁界解析ツールなどを使ってレイアウト情報と電流・電圧から放射電磁界を求めます(図2)。これらの解析ツールによって物理的なプロトタイプの試作や評価にかかる時間とコストを削減し、効果的な対策を探求することができます。しかし現段階では解析結果と実際の環境での測定結果が必ずしも一致しない場合もあり、測定による最終確認が必要とされています。

図1 製品開発から販売までの段階で可能なEMC対策数とコストの推移

製品開発の前半ほど、取りうるEMC対策の数が多く、コストも安い。

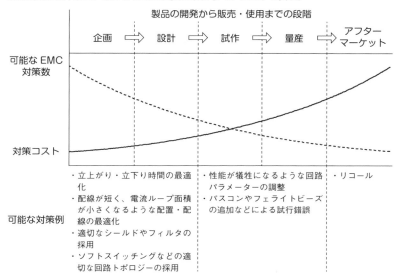

製品の開発から販売・使用までの段階

企画 ⇒ 設計 ⇒ 試作 ⇒ 量産 ⇒ アフター マーケット

可能なEMC 対策数

対策コスト

可能な対策例

・立上がり・立下り時間の最適化
・配線が短く、電流ループ面積が小さくなるような配置・配線の最適化
・適切なシールドやフィルタの採用
・ソフトスイッチングなどの適切な回路トポロジーの採用

・性能が犠牲になるような回路パラメーターの調整
・パスコンやフェライトビーズの追加などによる試行錯誤

・リコール

図2 EMCの解析を行う流れの例

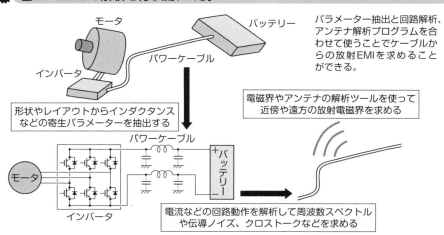

モータ
バッテリー
インバータ
パワーケーブル

パラメーター抽出と回路解析、アンテナ解析プログラムを合わせて使うことでケーブルからの放射EMIを求めることができる。

形状やレイアウトからインダクタンスなどの寄生パラメーターを抽出する

電磁界やアンテナの解析ツールを使って近傍や遠方の放射電磁界を求める

パワーケーブル

モータ
インバータ
+ バッテリー −

電流などの回路動作を解析して周波数スペクトルや伝導ノイズ、クロストークなどを求める

POINT
◎EMCの測定は規格適合性の確認と、開発の初期段階での課題の早期発見や対策効果の確認のために行われている
◎解析と測定による確認の両方が必要である

2-2 スペクトラムアナライザとEMIレシーバー

高周波回路の測定にスペアナが使われていると聞いたことがあります
が、スペアナとは何ですか？　EMIレシーバーと何が違いますか？

■スペクトラムアナライザ

「スペクトラムアナライザ」は、入力信号の周波数スペクトラムを測定するため
の装置であり、「スペアナ」とも呼ばれます。スペアナの出力画面では横軸が周波数、
縦軸が電圧や電力をデシベル表示したグラフとなります（図1）。

スペアナは、アナログやデジタル方式の掃引同調型、高速フーリエ変換（FFT）
型、マルチプルフィルタ型などに分類されますが、スペアナの原理を学ぶ際には最
初に登場した掃引同調型のスペアナを取り上げて説明されることが一般的です（図
2）。入力された信号は、後段で過大な電力が入力されないように減衰器（アッテネ
ータ）を経てプリフィルタ部に入り、帯域外の成分が除去されます。その後、ミキ
サ（混合器）において局部発振器（LO）で生成された信号とミックスされ、中間
周波数（IF）に変換されます。ミキサからの出力は、IFフィルタ（RBW）によっ
て所望のIF信号だけが取り出されます。IFフィルタで分離された信号は対数アン
プで対数に変換され、包絡線検波器に入力されます。検波方法には一定時間内のピ
ーク値を検出するピーク検波（PK）などがあります。検波後の信号は、ビデオフ
ィルタ（VBW）を通過することで雑音が取り除かれます。最後に掃引信号生成器
によってLOの周波数を変化させることで、横軸が周波数、縦軸が振幅の測定が行
われます。

■EMIレシーバー

「EMIレシーバー」は、スペアナと同様に周波数スペクトラムを測定する装置で
すが、EMIレシーバーはEMI試験で規格の適合を判定するために使用されています。
そのためEMIレシーバーでは、異なる周波数範囲をカバーする複数のプリフィル
タで構成されたプリセレクタが使用されています（図3）。またEMIレシーバーでは
周波数特性の鋭いIFフィルタを利用し、測定の精度向上やノイズの低減が図られ
ています。さらにEMIレシーバーには、一般的なスペアナにはない機能として
EMIの規格試験でよく使用される準尖頭値（QP）などの検波器が備わっています。
これらの違いによってEMIレシーバーは、一般的なスペアナよりも価格が高くな
る傾向があります。

図1 スペクトラムアナライザの概観

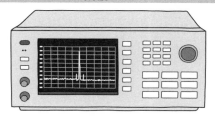

図2 掃引型スペクトラムアナライザの構成

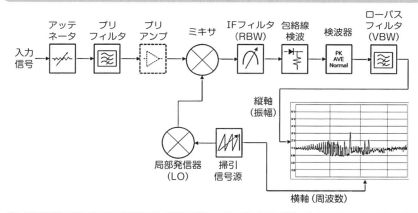

図3 EMIレシーバーの構成

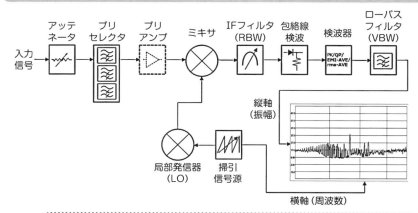

POINT ◎スペアナは周波数スペクトラムを測定するための装置で、アナログやデジタル方式の掃引同調型、高速フーリエ変換(FFT)型、マルチプルフィルタ型などに分類されている

Sパラメーター

ネットアナで測定されるSパラメーターとは何ですか？　Sパラメーターはどのように応用されていますか？

　高周波回路において、寄生インダクタンスや寄生静電容量などによって、正確な電圧や電流の測定に必要な、理想的な短絡や開放の状態を実現することが難しい場合があります。そのため、反射や透過電力に注目したSパラメーター（散乱パラメーター）が広く利用されています。Sパラメーターはアンテナ特性やEMCの測定にもよく使用されます。

　2端子対の回路網は2つのポートを持ち、a_1、a_2、b_1、b_2はそれぞれポート1と2から入力および出力される電力の平方根を表します（図1）。Sパラメーターはaとbの関係を示す2行2列の行列で、例えばS_{11}は負荷とインピーダンスがマッチしており、負荷から回路網に入力される反射波$a_2 = 0$の場合の$b_1／a_1$を表します。Sパラメーターを求める際には基準となるインピーダンスを決めておく必要があります。一般的には50Ωが使われていますが、75Ωなどの基準も使用されます。一般的なテレビアンテナに接続する同軸ケーブルの特性インピーダンスが75Ωとなっています。理論的には計算によって異なる基準インピーダンスのSパラメーターを求めることができます（図2）。またSパラメーターと基準インピーダンスから、Zパラメーター（インピーダンス行列）やYパラメーター（アドミタンス行列）などを求めることができます。

　Sパラメーターはトランジスタやフィルタ、伝送線路などの電子部品の特性を表すためによく利用されますが、光ファイバーの挿入損失など光学の分野でも応用されています。高周波回路のSパラメーターは、ネットワークアナライザを使用して測定することができます。

　一方、2本のケーブルには合計4つの端子があり、クロストークノイズなどを評価するために各端子に対応した4行4列の行列で表現されるSパラメーターを使うこともできますが、一般的にはノーマルモードとコモンモードに対応したミックストモードSパラメーターがよく使われています（図3）。ミックストモードSパラメーターでは、例えばS_{cd21}はポート1に差動信号を入力した場合のポート2から出力される同相信号を表します。ミックストモードSパラメーターを直接測定することもできますが、一般的には通常のSパラメーターから計算で求める方法が使われます。

図1 Sパラメーター

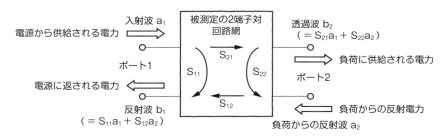

被測定の2端子対回路網

入射波 a_1
電源から供給される電力

透過波 b_2
$(= S_{21}a_1 + S_{22}a_2)$

ポート1

S_{21}

S_{11} S_{22}

負荷に供給される電力

ポート2

電源に返される電力

S_{12}

負荷からの反射電力

反射波 b_1
$(= S_{11}a_1 + S_{12}a_2)$

負荷からの反射波 a_2

図2 基準インピーダンスの変換

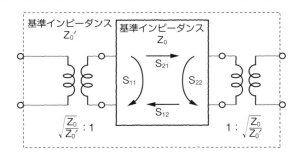

基準インピーダンス Z_0'

基準インピーダンス Z_0

S_{11} S_{22}

S_{21}

S_{12}

$\sqrt{\dfrac{Z_0}{Z_0'}} : 1$

$1 : \sqrt{\dfrac{Z_0}{Z_0'}}$

図3 SパラメーターからZやYパラメーターへの変換

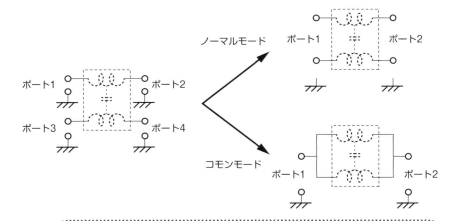

ノーマルモード
ポート1 ポート2

ポート1 ポート2

ポート3 ポート4

コモンモード
ポート1 ポート2

POINT
◎高周波回路やEMCの測定において、反射や透過電力に注目して回路網のポート間の関係を示すSパラメーターやミックストモードSパラメーターが一般的に使用されている

ネットワークアナライザ

高周波回路の測定にネットアナがよく使われているようですが、ネットアナとは何ですか？　どんな原理で、何を測定しているのですか？

ネットワークアナライザ（ネットアナ）は、周波数領域における反射やSパラメーターを測定するための装置です。さらに測定されたSパラメーターをスミスチャートとして表示したり、S_{11}やS_{22}から定在波比（VSWR）を算出したり、S_{21}やS_{12}から伝送特性や位相特性を算出したりする機能を備えたネットアナもあります。最も基本的なネットアナは1つの信号源、分波器、方向性結合器、および最低3つの検出器から構成されており、1ポートのみの反射測定を行います（図1）。信号源はシステムに信号を供給する役割を持ち、分波器は入力信号を回路入力信号と基準信号a_1に分岐させるために使用されます。また方向性結合器によって入力波と反射波が分離されます。近年では、2ポート以上やミックストモードのSパラメーターを測定できるネットアナもよく使用されるようになっています。さらにスペアナの機能を搭載したネットアナや簡易的なネットアナ機能を備えたスペアナも商品化されています。これによってスペアナとネットアナの両機能を1台にまとめた測定器も利用できるようになりました。

ネットアナは、スカラーネットワークアナライザ（SNA）とベクトルネットワークアナライザ（VNA）の2つに大別されます。SNAは各信号の振幅のみを測定することができますが、VNAは振幅に加えて位相も測定できるため、被測定対象の挿入損失や増幅率だけでなく位相シフトなどの情報も得ることができます。そのためVNAの応用範囲は広がっています。

ネットアナを使用して正確なSパラメーターを得るには、既知の3種類以上のSパラメーターを持つ回路網の測定結果を使用してデータを補正する方法が一般的に使用されています。この補正によってコネクタやケーブルなどの接続による影響を最小限に抑えることができます。そのために、ネットアナを使用する前には既知の回路網を測定するキャリブレーション（校正）と呼ばれる工程は欠かせません。

キャリブレーションには、オープン、ショートおよび基準インピーダンス（50Ω）からなる3種類の回路網を使用するOSL法や、OSLに加えてスルーと呼ばれる回路網を使用するOSLT法などが一般的に使用され、そのためにキャリブレーションキットが用意されています（図2）。

図1 1ポートの反射のみを測定するネットワークアナライザの構成

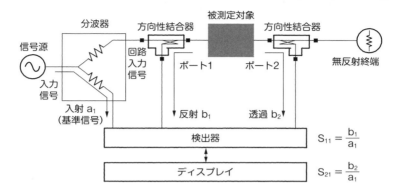

$$S_{11} = \frac{b_1}{a_1}$$

$$S_{21} = \frac{b_2}{a_1}$$

図2 OSLT法によるネットワークアナライザのキャリブレーション

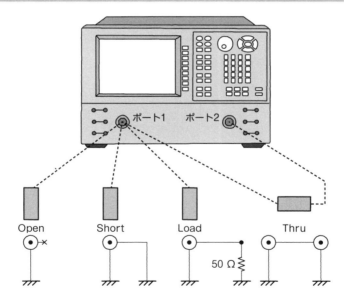

POINT

◎ネットワークアナライザはSパラメーターを測定するための装置で、スカラ
ー型とベクトル型の2つに大別され、使用する前に既知の回路網を使用した
キャリブレーションを行う必要がある

タイムドメインリフレクトメーター（TDR）

2-5

ネットアナの他に高周波回路の測定にはどのような測定器が使われて
いますか？　それはネットアナとどのような違いがありますか？

　ネットアナは周波数領域で反射を評価する装置ですが、タイムドメインリフレク
トメーター（TDR）は立上がり時間の速いステップ状の電圧を被測定対象に印加し、
その反射をオシロスコープで観測して時間領域で反射を評価します（図1）。反射の
代わりに透過波を評価する装置は、タイムドメイントランスミッション（TDT）
と呼ばれています。

　TDRは高速パルス発生器と高速サンプリングオシロスコープで構成され、その
測定原理はレーダーとよく似ています。レーダーではマイクロ波などの電磁波をター
ゲットに向けて照射し、その反射時間から距離を計測します。一方、TDRでは
パルスがケーブルなどの被測定対象を伝搬する際に特性インピーダンスの不一致に
よって起きる反射を利用し、反射時間や強度から特性インピーダンスのプロファイ
ルを算出してインピーダンス不一致箇所までの距離などを特定します。これによっ
てケーブル内部の断線やショート、絶縁劣化などの故障箇所の位置を検出すること
ができます（図2）。また、断線などの容量性故障の場合には特性インピーダンスが
大きくなり、ショートなどの誘導性故障の場合には特性インピーダンスが小さくな
るので、特性インピーダンスのプロファイルから故障の性質を知ることができます。

■ TDRとネットアナの比較

　TDRはネットアナに比べて測定精度やダイナミックレンジなどの面では劣って
いますが、時間領域での測定となっているため、その結果が直感的に理解しやすく
なっており、また複雑なキャリブレーションを必要としないため、初心者でも比較
的手軽に扱うことができます。高速パルス発生器を自作してオシロスコープと組み
合わせれば、簡易型のTDRを自作することも可能です。さらに入射パルスを大振
幅にしたり直流を加えてバイアスしたりすることも比較的簡単にできるため、TDR
はパワーエレクトロニクス回路の評価に適しています。

　TDRで測定された特性インピーダンスからSパラメーターを計算することもで
きます。また、複数の高速パルス発生器を利用することでコモンモードなどのミッ
クストモードに対応したTDR測定を行うことができます（図3）。

🔧 図1 TDR／TDTの構成

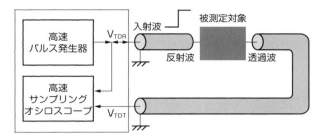

🔧 図2 TDRの測定例

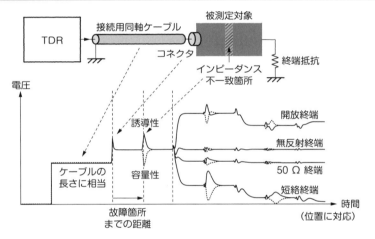

🔧 図3 ミックストモードに対応したTDR測定

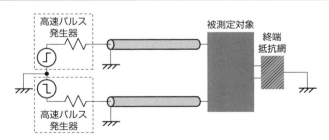

POINT
◎TDRはステップ状の電圧を被測定対象に印加し、その反射をオシロスコープで観測して時間領域で反射を評価する
◎TDRはパワーエレクトロニクス回路の評価に適している

バランと終端抵抗網

2-6 USBやCANケーブルをネットアナやTDRに接続したり終端したりするにはどうすれば良いですか？

　ネットアナやTDRの出力端子はBNC型、N型、またはSMA型のコネクタを使用し、これらのコネクタは同軸ケーブルに接続されます。同軸ケーブルは信号を伝送するための、1本のケーブルとそれを囲む接地金属で構成される不平衡型伝送線路となっています。不平衡伝送線路では信号電流の戻り道として基準電位となる接地が利用されます（図1）。このような信号伝送の方式はシングルエンド伝送とも呼ばれています。一方、USBやHDMIなどのような最近のデジタル通信ではツイストペアケーブルが使われています。これらの通信では2本のケーブルを平衡型伝送線路として使い、信号電流の行きと帰りにそれぞれのケーブルが対応します。平衡型信号伝送は差動伝送とも呼ばれ、車でよく使われているCAN通信も差動伝送となっています（図2）。差動伝送は、シングルエンドよりもコモンモードノイズの影響を受けにくいことが知られています。

　2本の信号線が完全に対称になっていない平衡型伝送線路を同軸ケーブルに接続すると、接地である同軸ケーブルの外部の導体に大きなコモンモード電流が流れ込み、ノイズが発生する可能性があります。これを防ぐために平衡線路を不平衡線路に接続する際には、バラン（Balun）と呼ばれる部品が使われています。バランには電圧型、電流型、チョーク型、インピーダンス変換型、1：1型、4：1型、伝送線路型、同軸シュペルトップ型などの種類があり、コモンモードに対するインピーダンスが大きいことによってコモンモード電流を抑制する機能を持っています（図3）。

　不平衡型の伝送線路では信号線の終端に特性インピーダンスを接続することで無反射にすることができます。一方、平衡型線路では信号線が2本あり、信号が差動モードとコモンモードで伝搬します。そのため、ブリッジ終端、シングルエンド終端、T型終端、π型終端など、様々な種類の終端抵抗網が考えられます（図4）。ブリッジ終端は一本の抵抗で実現できるため手軽ですが、差動モードを無反射にする一方で、コモンモードは完全に反射します。シングルエンド終端は差動モードを無反射にするだけでなく、コモンモードの反射率をブリッジ終端より小さく抑えることができます。T型終端やπ型終端は3本の抵抗を必要としますが、差動モードとコモンモードの両方を無反射にすることができます。

☼ 図1　不平衡型伝送線路

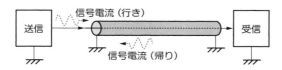

☼ 図2　平衡型伝送線路

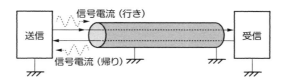

☼ 図3　バランの構成例

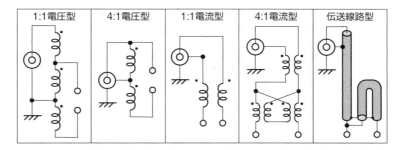

☼ 図4　伝送線路を終端するための抵抗網の例

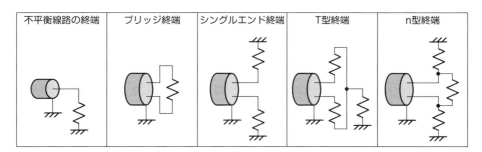

POINT

◎平衡型伝送線路を同軸ケーブルに接続するために様々な種類のバランが使われ、バランのコモンモードに対するインピーダンスが大きいことによってコモンモード電流が抑制される

EMCの評価に使われているアンテナ

放射EMCの評価にはどんなアンテナが使われていますか？　それぞれの特徴は何ですか？

　電磁波を送受信して放射EMIやEMS性能を評価するために、様々なアンテナが使用されています。

　ダイポールアンテナは一対の導体で構成され、導体の長さが半波長になっているものは半波長ダイポールアンテナと呼ばれています（図1）。半波長ダイポールアンテナは効率が高く、特性を簡単な計算で正確に求めることができるため標準アンテナとして広く用いられ、EMC評価の基準や他のアンテナの校正にもよく使われています。半波長ダイポールアンテナは導体の軸に対して回転対称なドーナツ状の放射指向性を持ち、最大放射強度の方向では理想的な等方性アンテナよりも1.64倍高い電力密度を得ることができ、絶対利得は2.15dBiとなります。また電界強度Eの均一な電磁界の中に配置した場合、誘起される電圧は$\lambda E/\pi$となります。

　一方、モノポールアンテナは単一の導体で構成され、接地面との組み合わせによって動作します。モノポールアンテナはダイポールの半分の長さで同じ特性を持ち、バランを使わずに接続することができるため取り付けが容易という特徴があります。

　ループアンテナは導体をループ状に配置したアンテナで、円形や楕円形、正方形、長方形などの形状を持ちます（図2）。ループアンテナは磁界に対する感度が高く、比較的広い周波数帯域の磁界強度の測定に使うことができます。ループ面に垂直な方向に最大の放射や感度を持ち、比較的小型でコンパクトな設計ができ、様々な環境に適応しやすく、ポータブルな使用が可能です。

　EMCの測定には、バイコニカルやログペリオディクアンテナのような利得の高い高性能なアンテナもよく使われています。

　バイコニカルアンテナは2つの円錐を頂点同士でつなぎ合わせたような形をしており、円錐の骨組みを複数のワイヤーで構成することもできます（図3）。バイコニカルアンテナには単一のアンテナで広い周波数範囲をカバーできるだけでなく、受信の感度が高く放射効率が高い特徴があります。またサイズがコンパクトで、多方向性の特性を持つことも利点となります。

　ログペリオディクアンテナは、要素の長さと間隔が周期的に対数状に繰り返される構造を持ち、広帯域、高利得、多方向性などの特徴があります。

図1 ダイポール／モノポールの遠方放射電界強度

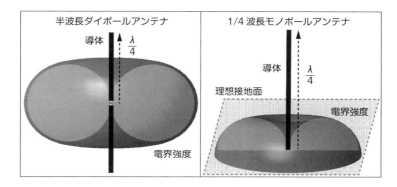

図2 ループアンテナの遠方放射利得特性

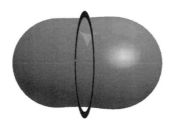

図3 高性能アンテナの遠方放射利得特性

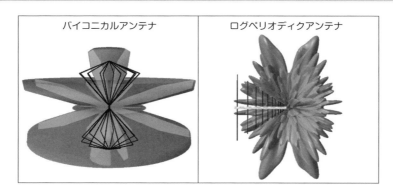

POINT
◎ダイポールやモノポールアンテナは、他のアンテナの校正に使用されている
◎ループアンテナは広い周波数帯域の磁界強度の測定に使われている
◎EMCの測定には高利得なアンテナもよく使われている

2-8 近傍電磁界プローブ

EMIの発生箇所はどのように探し当てたら良いですか？　便利な道具とそれらの動作原理、特徴を教えてください。

　EMI対策には発生場所を特定する必要があります。そのためには各種の近傍電磁界プローブを使用します。

■近傍電界プローブ

　微小なダイポールやモノポール、ロードアンテナなどを使用することで近傍電界を検出することができます。例えば同軸ケーブルの芯線をシールド層から約10mm剥き出し、絶縁を施すことで手作りの簡易電界プローブを作ることができます（図1）。また、同軸ケーブルの芯線に約10pFのコンデンサを接続し、端子を出すことで接触型の電界プローブを作成できます。市販品としては球形で3次元の電界を計測できるプローブなどもあります。

■近傍磁界プローブ

　同軸ケーブルの芯線で作られた直径約1cm程度のループは電界と磁界の両方に対して感度を持ち、簡易的な近傍界の発生源特定に使用することができます。しかしながら、このようなプローブは電界と磁界を分離することはできません。電界への感度を抑制するためには同軸ケーブルのシールド層を保ったままループを形成し、ループの根元または中央部のシールド層に1mm程度の小さな隙間を設けて芯線を露出させます。ループの出力を差動信号とし、バランを介して測定器に接続することで検出結果のバランスを高めることができ、電界感度をさらに抑えることができます。これらの近傍磁界プローブの感度は一般に角度や傾きに依存するため、様々な向きで測定を繰り返す必要があり、EMI発生源を特定するには時間がかかります。

■光プローブ

　物質に電界や磁界が加わると光の屈折や反射、偏光などに変化が生じるポッケルス効果やファラデー効果、磁気カー効果などの現象が知られています。これらの効果を利用することによって、光を用いて近傍界を検出するための電気光学（EO）プローブや磁気光学（MO）プローブが作られています。EOやMOプローブは金属部品を必要とせず、被測定電磁界を乱さないという特徴があります。またセンサヘッドが小型であり、電源も不要です。さらに光ファイバーで出力されるため、ノイズを拾いにくいという利点もあります。

🔧 図1 近傍電界プローブの例

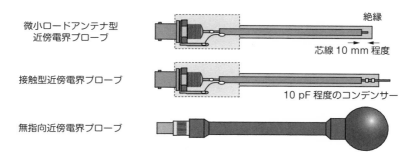

微小ロードアンテナ型
近傍電界プローブ

絶縁

芯線10 mm 程度

接触型近傍電界プローブ

10 pF 程度のコンデンサー

無指向近傍電界プローブ

🔧 図2 近傍磁界プローブの例

直径1～数 cm のループ

シールドなし
不平衡微小ループ型
近傍磁界プローブ

ギャップ

シールド付き
不平衡微小ループ型
近傍磁界プローブ

シールド付きセンターギャップ
不平衡微小ループ型
近傍磁界プローブ

ギャップ →

平衡微小ループ型
近傍磁界プローブ
（バラン付き）

バラン

ギャップ →

POINT

◎近傍電界プローブには同軸ケーブルを使った手作りの簡易型がある
◎近傍磁界プローブは様々な向きで測定を繰り返す必要がある
◎光プローブは被測定電磁界を乱さないなどの特徴がある

電流プローブ

2-9

伝導ノイズを測るにはどんな道具が使われていますか？　それぞれどのように動作していますか？

　伝導ノイズのEMCを評価するために電流プローブがよく使用されています。電流プローブは電流が導体を流れる時に生じる磁界を測ることで、ハーネスを切ることなくプローブを挟むだけで電流を測定しています。電流プローブには、磁界の測り方によってカレントトランス（CT）方式、ホールセンサ方式、ロゴスキーコイル方式などに分類されます。

　CT方式では測定対象の導体の周りをフェライトコアなどの磁性体でクランプし、磁性体に巻きつけられた検出コイルに発生する誘導電圧を測定します（図1）。CT方式は電源が不要で、構造が簡単なため自作することもできます。しかしながらCT方式は直流を測定できないという欠点があります。

　ホールセンサ方式では、物質を流れる電流に垂直方向の磁界が加わると、電流と磁界の両方に、垂直な方向に起電力が発生するホール効果を利用して電流を測定しています。この方式もCT方式と同じように磁性体で導体をクランプしますが、磁性体の中にホールセンサを埋め込む構造になっています（図2）。これによって直流から測定できる利点があります。しかしホールセンサの直線性が良くなく、測定精度があまり高くないという欠点があります。また磁性体を使っているCTやホールセンサ方式では、電流が大きすぎると磁気飽和によってプローブが故障したり正しく電流を測定できなかったりすることがあります。またこれらのプローブを使う前に一定の交流電流を流し、徐々に電流をゼロにする「消磁」と呼ばれる作業が必要です。市販のプローブには消磁ボタンが用意されているものもあります。

　ロゴスキーコイル方式では磁性体を使わずに測定対象の導体の周りに空芯のロゴスキーコイルを設置する構造になっています（図3）。これによってロゴスキーコイルの両端に測定する電流の微分に比例する誘起電圧が発生します。この方式のセンサ部を細く柔らかいひも状にすることができ、取り扱いやすい特徴があります。ただしCT方式と同様に直流を測定することができません。

　ケーブルの挟み方によって、電流プローブで直接ノーマルモードやコモンモード電流を測ることもできます（図4）。

⚙ 図1 カレントトランス(CT)方式電流プローブ

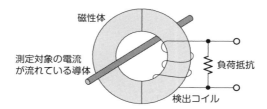

⚙ 図2 ホールセンサ方式電流プローブ

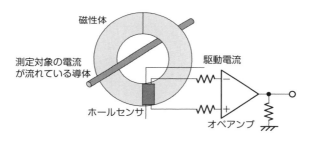

⚙ 図3 ロゴスキーコイル方式電流プローブ

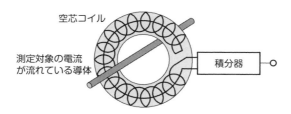

⚙ 図4 電流プローブを使ってノーマルおよびコモンモード電流を測る方法

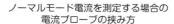

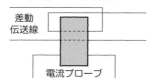

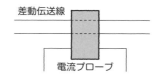

POINT
◎CT方式の電流プローブは構造が簡単だが、直流を測定できない
◎ホールセンサ方式は直線性や温度による影響を受ける
◎ロゴスキーコイル方式は柔軟なセンサ部を持っている

2-10 疑似電源回路網

電源線の伝導ノイズを測定する時の注意点は何ですか？ 何かの道具が必要ですか？

　電子機器のEMIを正しく測定するには、電源線から混入する電磁ノイズや電源線を通って流出する電磁ノイズをできるだけ抑制する必要があります。また機器の電源線を通って放出される伝導性EMIは、電源線のインピーダンスの影響を受けるため、測定の際には電源線のインピーダンスを一定に保つ必要があります。そのために電源と測定対象機器の間にLISN（Line Impedance Stabilization Network）またはAMN（Artificial Mains Network）、AN（Artificial Network）と呼ばれる機器が挿入されています（図1）。LISNは、電源線を流出する電磁ノイズをEMIレシーバーなどの測定器に伝える役割も合わせて担っています。

　標準型LISN（V–LISN）は、1本の電源線と接地の間の電磁ノイズを測定するために使用され、周波数150kHzから30MHzまでの測定では50Ω/50μH V–LISNと呼ばれるものが使用されます（図2）。より低い周波数の9kHzから150kHzまでの範囲では、50Ω/50μH＋5Ω V–LISNを使用します（図3）。インピーダンスが30MHzまで一定に保たれていれば、50Ω/50μH＋5Ω V–LISNを9kHzから30MHzまでの測定にも使用できます。また100kHzから100MHzまでの範囲では、50Ω/5μH V–LISNが使用されています。

　50μH型のLISNは、長さが50m程度の建物や工場内の電線を模擬しているのに対して、5μH型のLISNは長さが5m程度の車内のワイヤハーネスを模擬しているため、自動車用の規格では50Ω/5μH V–LISNがよく指定されています。

　いずれのLISNも、測定端子には内部抵抗が50Ωになっているスペアナや、EMIレシーバーが接続されていることを前提として設計されています。そのため、測定を行わない場合でも測定端子に50Ωの抵抗負荷を接続する必要があります。

　電源線が往復2本以上ある場合には、V–LISNを複数台使ってそれぞれの電源線を通る電磁ノイズを測定します。この時、それぞれの測定値にはコモンモードやノーマルモードなどが混ざっており、モードごとに分離するのが困難です。そこでΔ–LISN（伝送モード分離型LISN）ではトランス型のバランなどを使ってコモンモードとノーマルモードをあらかじめ分離した上で、それぞれのモードをスイッチで切り替えて別々に測定できるようにしています（図4）。

図1 伝導性EMI測定のセットアップ

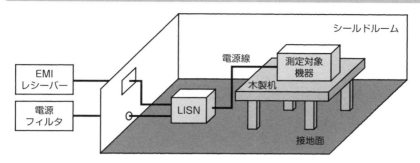

図2 50Ω/50μH V-LISNの等価回路

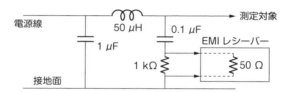

図3 50Ω/50μH+5Ω V-LISNの等価回路

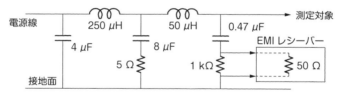

図4 50Ω/50μH Δ-LISNの等価回路

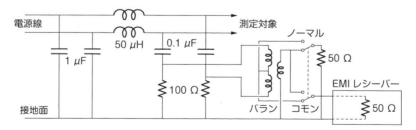

POINT
◎伝導性EMIを正確に測定するためにLISNが使用されている
◎V型LISNは1本の電源線と接地の間のノイズを測定するために使用される
◎Δ型LISNはコモンモードとノーマルモードを分離できる

2-11 EMCを測定するための試験環境

実験室でEMCの試験をしても良いですか？　それとも試験環境に何か特別な配慮が必要ですか？

　各種規格に沿ってEMCを評価する際には、決められた試験環境で測定を行う必要があります。その理由は、測定によって発生する電磁ノイズが外部に漏洩しないようにすることと、外部からの電磁ノイズの侵入を防ぐためです。試験環境としては、次の3種類のものがよく使われます。

1. オープンサイト（OTS：Outdoor Test Site）

　オープンサイトは周囲に障害物がない屋外に設けられた実験設備で、一般に外来雑音が少ない郊外に作られています。測定用アンテナやスペアナ、ターンテーブルなどの他に、地面の反射を安定にするための鉄板や金網などが設置されています。

2. シールドルーム

　シールドルームとは金属板や金網などで覆われた部屋で、外部から電磁ノイズの侵入や内部から電磁ノイズの漏洩を低減するために使用されます。高いシールド性能を得るためには壁材の接合部、換気口、扉の隙間、導電性ガラスなどの窓、外部とのやり取りのためのケーブルなどにシールドを維持する工夫が必要です（図1）。シールドルームの内面に電波吸収体を取り付けずに、壁で電磁ノイズを反射させるため、主に反射が問題にならないような伝導ノイズの評価に使用されます。

　ガソリン車やハイブリッド車のEMC評価では、シールドルーム内でエンジンを回す作業が必要な場合がありますが、このような場合にはシールドルーム内の酸素が不足したり一酸化炭素が充満したりする危険があります。そのため、自動車用シールドルームにはエンジンの排気を十分に換気する設備を備える必要があります。

3. 電波暗室（ALSE：Absorber Lined Shielded Enclosure）

　電波暗室は電磁ノイズの壁での反射や回折をなくし、オープンサイトを模倣するためにシールドルームの内壁にウレタンやフェライトの電波吸収体を張り付けた部屋で、電波無響室とも呼ばれています（図2）。EMC試験では大地からの反射を想定しているため、床面には電波吸収体を設置せず、それ以外の壁と天井、計5面に電波吸収体を取り付けた電波半無響室が使われています。電波暗室には3m法、10m法、30m法それぞれに対応したものが利用されています。

⚙ 図1 シールドルームの構造

シールドルームの壁は電磁波を跳ね返して通さない金属でできている。

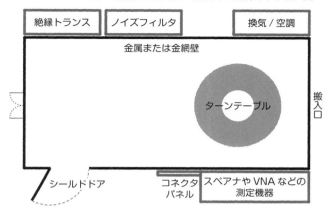

⚙ 図2 電波暗室の構造

電波暗室の壁もシールドルームと同様に金属でできているが、さらに電磁波を吸収するための電波吸収体が貼られている。

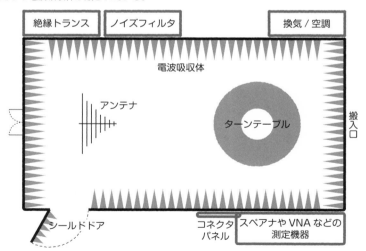

POINT
◎EMC評価は定められた規格に従った試験環境で測定を行う必要がある
◎試験環境として、オープンサイト、シールドルーム、電波暗室の3種類が一般的に使用されている

2-12 TEMセル、GTEMセル、トライプレート、ストリップライン
電波暗室やシールドルームなしでEMCの試験を行う方法はありませんか？

　シールドルームや電波暗室を設置するには広い場所と多くの費用がかかります。認証前の手軽なEMC評価のためにシールドボックスや電波暗箱も使われていますが、他にも次のような試験設備が使われています。

1. TEMセル

　TEM（Transverse Electro-Magnetic）セルは同軸ケーブルの一部を膨らませ、内部導体を平板にした構造をしています（図1）。セルの両端は傾斜し、その先に同軸コネクタが取り付けられています。TEMセルでは全体が遮蔽されており、電磁ノイズをセル内に閉じ込めることができるため、シールドルームは必要ありません。

2. GTEMセル

　TEMセルは高い周波数での使用に適していないため、GHz帯以上の高周波ではGTEM（Gigahertz TEM）セルが使われています。GTEMセルは全体が単一の傾斜から構成され、傾斜の先端にTEMセルと同様に同軸コネクタが取り付けられています（図2）。GTEMセルの傾斜の反対側は絞られずに電波吸収体が取り付けられています。

3. トライプレート

　トライプレートはTEMセルの側板を取り除いた構造をしており、TEMセル同様に平行平板間に強い電界を発生させて、車載電子機器やそれらに接続されるハーネスなどのEMC試験に使用することができます。ただし、トライプレートはシールドされていないため、シールドルーム内で使用する必要があります。また、シールドルームの壁がセル内の電磁界に影響することを防ぐためには、壁までの距離を充分に離すか、電波吸収体を配置する必要があります。

4. ストリップライン

　EMC試験で使用されるストリップラインはトライプレートを半分にした形状で、接地面上に平板の電極板を取り付けた構造をしています。ストリップラインもトライプレートと同様にシールドされていません。さらに接地されていない側の電極板も完全に露出しているため、使用する際にはトライプレートよりもさらに注意が必要です。

図1 TEMセル

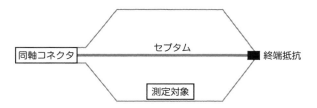

図2 GTEMセル

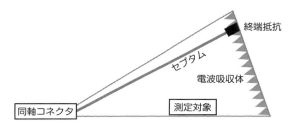

図3 トライプレート

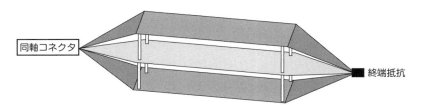

図4 ストリップライン

POINT

◎TEMセルは同軸ケーブルの一部を膨らませた構造で、全体が遮蔽されており、シールドルームを必要としない

◎高周波数の場合にはTEMセルよりも適しているGTEMセルが使用される

リバブレーションチャンバー

2-13

繁華街のような色々な電波が飛び交っている環境を再現してEMCを
評価するための設備にはどのようなものがありますか？

　近年、特に都市部の繁華街では、多くの4Gおよび5G携帯電話基地局やWi-Fiス
ポットなどが設置されています。またラジオや地デジ、衛星放送、GPSなど多くの
無線放送電波が飛び交っており、これらの電波は密集した建物などによって様々な
方向に反射され、拡散しています（図1）。一方、従来のEMC試験で使われてきた
電波暗室や電波暗箱は、電波の障害となる物体のない広い空間に置かれたアンテナ
を想定しており、現在の車が実際に使用されているような電磁波の広範な拡散環境
を必ずしも模擬して再現できているわけではありません。そこで近年では、「リバ
ブレーションチャンバー」と呼ばれる特殊なEMCの測定環境が注目され、規格な
どにも導入され始めています。

◤リバブレーションチャンバー

　リバブレーションチャンバーは車の実使用環境を再現するために、「チャンバー」
と呼ばれる金属で囲まれたシールドルームと、「スターラー」と呼ばれる電磁波を撹
拌する装置を利用して、電磁波が測定対象に多方向から到来するような環境を作り
出しています（図2）。スターラーが設置されていなければ電磁波はチャンバーの金属
壁で反射されて定在波を形成し、チャンバー内の電界強度に分布ができます。そこで
金属製のスターラーを設置し、回転させて電磁波を様々な方向に反射してチャンバ
ー内の電界強度を均一にすることで車の実使用環境を模擬することができます。

◤OTA(Over the Air)測定

　リバブレーションチャンバーはEMIやEMSの測定に使用されるだけでなく、無
線通信システムを評価するための「OTA」と呼ばれる測定にも使用されています。
OTAとは無線を経由してデータを送受信することを指します。例えばスマホや自
動車などのソフトウェアやデータを無線通信で更新したり変更したりすることは
OTAアップデートと呼ばれています。

　これまで、5Gなどの携帯電話やWi-Fi無線通信機器を評価するには端末のアン
テナと無線回路を切り離して別々の試験が行われてきました。OTA測定では、リ
バブレーションチャンバーを利用することで、実使用環境を模擬しながらアンテナ
と無線回路の両方の性能をまとめて評価できるようにしています。

⚙ 図1 都市部の繁華街における現在の電磁波環境

特に現在の都市部の繁華街では、様々な電波が飛び交ったり反響したりしている。

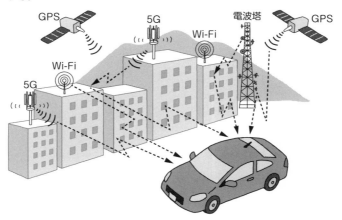

⚙ 図2 リバブレーションチャンバー

スターラーを回転させることで、電磁波を様々な方向に反射させてチャンバー内の電界分布を均一にしている。

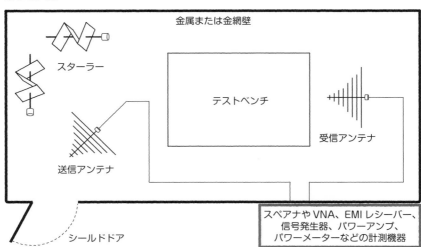

POINT
◎リバブレーションチャンバーはシールドルーム内でスターラーを回転させ、チャンバー内の電界分布を均一化している
◎OTA測定はアンテナと無線回路をまとめて評価する

電磁界解析プログラム

EMC現象を解析するにはどのような手法が使われていますか？　無料で使えるプログラムがありますか？

EMCを含む全ての電磁現象は、マクスウェルの電磁方程式で記述することができます。そのため、これらを解くことでEMCを解析することが可能です。しかし現実的には数値解析的な手法が必要であり、様々な電磁界解析プログラムが開発されています。解析の手法は、以下の2つに大きく分類されます。

1. 時間領域で解析する手法

電磁界を時間領域で解析するためには、有限差分時間領域（Finite-Difference Time-Domain、略してFDTD）法と呼ばれる方法があります。FDTD法では微分形式のマクスウェルの電磁方程式を時間と空間領域での差分方程式に展開し、逐次計算を行うことで電界と磁界の値を数値的に求めます。まず計算領域を設定し、多数の立方体状のセルに分割します（図1）。次に時間領域において電界と磁界を交互に計算します（図2）。その際、電界はセルの稜線の中心の接線方向、磁界はセルの面の中心の法線方向とします。この計算で得られた時間波形をフーリエ変換して周波数特性を求めたり、磁界から電流を計算して入力インピーダンスを求めたり、計算領域の境界面の電界と磁界から遠方の放射パターンを計算したりすることができます。FDTD法は時間領域で解析しているため、過渡解析に適しています。

FDTD法による電磁界解析プログラムとしてはOpenFDTDやOpenEMSが公開され、無料で利用することができます。

2. 周波数領域で解析する手法

電磁界を周波数領域で解析するためには、有限要素法（Finite Element Method、略してFEM）やモーメント法（Method of Moments、略してMoM）と呼ばれる方法があります。FEMは微分形式のマクスウェルの電磁方程式を一度積分し、周波数領域で汎関数の極値問題として解きます。まず計算領域を三角錐などの要素に分割し、各要素の節点や辺または面に基底関数を定義し、変分原理を適用します（図3）。さらに、全体を足し合わせて得られた連立一次方程式を解くことによって、電界と磁界を計算します（図4）。FEMによって得られた解は高い精度を持ち、要素分割の自由度が高いため、複雑な形状の解析に適しています。

FEMによる磁界解析プログラムとしてはFEMMが公開されています。

図1　FDTD法の立方体セル

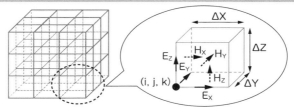

図2　FDTD法の計算手順

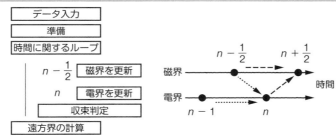

図3　FEMの三角錐要素

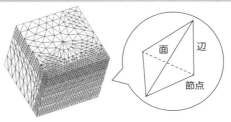

図4　FEMの計算手順

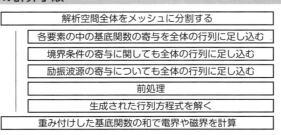

POINT

◎電磁界を数値解析するには、FDTD法のような時間領域で解析する手法と
FEMのような周波数領域で解析する手法がある

◎FDTD法は過渡解析、FEMは複雑な形状の解析に適している

回路動作を解析するためのプログラム

電磁界を発生するための元となる電流や電圧の波形はどのようにして求められるのでしょうか？ 実測以外にも計算する方法はあるのでしょうか？

電磁界を解析するには、波源となる電流や電圧波形を入力する必要があります。これらの波形を実測することもできますが、電子回路の動作をアナログ解析することで得られた値を利用することもできます。電子回路のアナログ解析を行う代表的なプログラムとして1973年に米国カリフォルニア大学バークレイ校で開発されたSPICE（Simulation Program with Integrated Circuit Emphasis）や、アナログ・デバイセズ社が公開しているLTspiceなどがあります。LTspiceは元々旧リニアテクノロジー社によって開発されたプログラムで、SPICEをベースにしています。このプログラムはグラフィックによる入出力が可能であり、無料で利用することができます。

SPICEのシミュレーション対象は抵抗やコンデンサ、インダクタなどの受動素子、ダイオードやトランジスタなどの能動素子、伝送線路、各種電圧源や電流源を組み合わせた任意の電気電子回路です。直流解析や小信号交流解析の他に過渡解析や雑音解析なども可能です。これを実現するため、離散化とともに非線形な半導体デバイスの解析モデルを線形化して、ニュートン・ラフソン法で解析する方法や修正節点解析法などを組み合わせて解析が行われています（図1）。

回路素子の電気的な接続を記述するために、SPICEではネットリストが使われています（図2）。ネットリストには素子の名称と、その素子が接続している節点、素子の定数やモデルなどが記載されています。SPICEでは回路内の各節点の電圧と各素子を流れる電流を変数としてキルヒホッフの電流や電圧の法則、オームの法則、線形化された半導体デバイスのモデルなどに基づいて行列を用いた回路方程式を立て、直接行列求解法で解析します。一般的な回路方程式の係数行列の90％以上の要素が0となっており、このような行列はスパース行列または疎行列と呼ばれています。SPICEでは計算機のメモリ容量を節約し、計算時間を短縮化するために非ゼロ要素のみを格納し、ゼロ要素の計算をスキップする効率的なスパース行列技法が採用されています。それでもSPICEによる数値解析の収束性が必ずしも十分でない場合があり、特にパワーエレクトロニクスで使用されている各種スイッチングモードの電力変換器の解析が困難な場合があります。そのため、アルゴリズムの改良などが引き続き行われています。

図1 半導体デバイス解析モデルの線形化

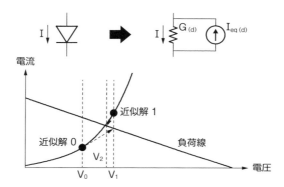

図2 LTspiceによる昇圧コンバータの動作解析例

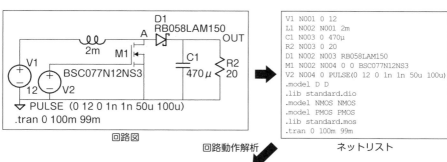

回路図

ネットリスト

回路動作解析

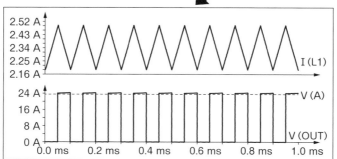

POINT

◎電子回路のアナログ解析を行う代表的なプログラムとしてSPICEやLTspiceがある

◎LTspiceはSPICEをベースにしてグラフィックによる入出力を追加している

2-16 寄生インダクタンスや静電容量を抽出するための解析プログラム

回路シミュレーションに必要なインダクタンスや静電容量はどのよう
にして求められるのでしょうか？　実測以外にも計算する方法はある
のでしょうか？

　回路の動作を解析するには、配線などの自己インダクタンスや相互インダクタン
ス、静電容量などの回路パラメーターの正確な値が必要です。これらの値を実測す
ることもできますが、レイアウトや形状、寸法などから電磁界解析を使って求める
こともできます。そのためにFDTD法やFEMの解析結果からインダクタンスなど
を抽出する方法が使用されています。また、部分要素等価回路（Partial Element
Equivalence Circuit、PEEC）と呼ばれる方法もあります。PEEC法はSPICEなどの
回路シミュレーションプログラムと親和性が高いため、集積回路の設計やEMC分
野でよく使用されています。PEEC法による回路パラメーター抽出の代表的なプロ
グラムとして、米マサチューセッツ工科大学（MIT）で開発されたFastHenryと
FastCapがあります。

■部分要素等価回路（PEEC）法

　PEEC法ではまず導体上にノードを置き、2つのノード間を直方体状の要素で繋
いで導体を分割します（図1）。その後、各要素を直方体のセルに細分化します。各
セルmに節点iとjを設定し、ij間にインダクタンスL_{pmm}や抵抗R_mを与え、他のセ
ルとの結合の影響を考慮するために電圧源V^L_mを付加します。また各節点iの静電
容量を計算するために電位係数P_{ii}を与え、他の節点との結合の影響を考慮するた
めに電圧源V^C_iを付加します。導体に電荷Qを与えた時に、電位係数をPとすると
導体の電位がPQだけ上昇します。このようにして得られた回路を解くことで、各
配線の自己インダクタンスなどの回路パラメーターを求めることができます。

■ FastHenry／FastCap

　FastHenryでは、ノードや要素の接続を記述するためにネットリストが使われて
います（図2）。この場合のネットリストでは、まずノードの名称と座標を記載して
ノードを定義します。次に要素の名称と接続しているノード、幅と高さ、細分化の
数を記載して要素を定義します。このようなネットリストをFastHenryに入力する
ことで指定された周波数ごとの導体の抵抗や自己インダクタンス、相互インダクタ
ンスを解析することができます。またFastHenry用のネットリストをFastCap用に
変換してFastCapに入力すれば静電容量も解析できます。

図1 部分要素等価回路(PEEC)法

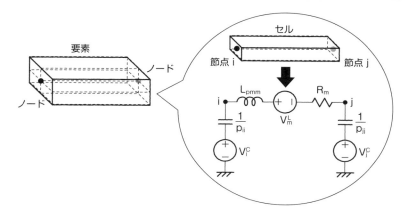

図2 PEEC法によるケーブルの解析例

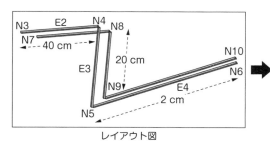

レイアウト図

```
.Units m
N3 X=-0.39 Y=0.2 Z=0.3
N4 X=0.01 Y=0.2 Z=0.3
N5 X=0.01 Y=0.2 Z=0.1
N6 X=0.01 Y=2.3 Z=0.1
N7 X=-0.41 Y=0.3 Z=0.3
N8 X=-0.01 Y=0.3 Z=0.3
N9 X=-0.01 Y=0.3 Z=0.1
N10 X=-0.01 Y=2.3 Z=0.1
E2 N3 N4 W=0.003 H=0.003 NHINC=5 NWINC=5
E3 N4 N5 W=0.003 H=0.003 NHINC=5 NWINC=5
E4 N5 N6 W=0.003 H=0.003 NHINC=5 NWINC=5
E5 N7 N8 W=0.003 H=0.003 NHINC=5 NWINC=5
E6 N8 N9 W=0.003 H=0.003 NHINC=5 NWINC=5
E7 N9 N10 W=0.003 H=0.003 NHINC=5 NWINC=5
.External N3 N6
.External N7 N10
.Freq fmin=1e3 fmax=1e9 ndec=4
.End
```

ネットリスト

FastHenry による
インダクタンスの抽出

```
Computed matrices (R+jL)
Row 1: N3 to N6
Row 2: n7 to n10
Freq = 1000
  Row 1: 0.00560956+3.404e-06j 0.000374952+1.72866e-06j
  Row 2: 0.000374925+1.72856e-06j 0.00539606+3.25257e-06j
Freq = 1e+09
  Row 1: 0.0499674+3.25541e-06j 0.0221733+1.70383e-06j
  Row 2: 0.0221714+1.70373e-06j 0.0478424+3.10977e-06j
```

FastCap による
静電容量の抽出

```
CAPACITANCE MATRIX, picofarads
          2      3
1%group1 2   30.18   -24.49
1%group2 3  -24.49    29.7
```

◎配線のレイアウトや形状、寸法などから電磁界解析やPEEC法を使って回路
パラメーターを抽出できる
◎PEEC法の例にはFastHenryやFastCapがある

2-17 アンテナからの放射電磁界を解析するためのプログラム

ワイヤハーネスから発生する電磁界を解析する方法として、FDTD法やFEM以外の選択肢がありますか？ また無料で使用できるプログラムはありますか？

　電流がケーブルやワイヤハーネスなどの導体を流れると、導体から電磁界が放射されます。PEEC法などで抽出された導体のインダクタンスや静電容量の値を使ってSPICEなどによる解析を行うことで、電流の値を正確に求めることができます。さらにFDTD法やFEMを使って電磁界解析を行えば放射電磁界の強度を求めることができますが、特に線状の導体から放出される電磁界を解析するにはモーメント法（MoM）と呼ばれる方法がよく使われています。無料で利用できる代表的なMoMによる電磁界解析プログラムとしては、米カリフォルニア大学のローレンスリバモア米国立研究所が1970年代に開発・公開したNEC（Numerical Electromagnetic Code）やMININECなどがあります。さらにグラフィックで入出力できるプログラムとしては4NEC2やEZNEC、MMANAなどがあります。

■モーメント法（Method of Moments、略してMoM）

　MoMは、電磁界を解析するために積分形式のマックスウェルの電磁方程式を離散化して周波数領域で解きます。MoMでは導体などの表面を分割することで、積分方程式を行列に変換します。得られた行列の逆行列を求め、方程式を解くことによって表面電流分布を計算し、電磁界を求めます。MoMは特に線状のアンテナの解析に向いており、バイコニカルやログペリオディクアンテナなどの設計によく利用されています。

■4NEC2

　4NEC2では、導体を複数の円筒状のワイヤーに分け、各ワイヤーをセグメントに分割してセグメント間を流れる電流を計算します（図1）。最後に各電流から放出される電磁界を足し合わせることで電磁界解析を行います。そのためにまずワイヤーの3次元座標と半径、分割数をネットリストに記載し、励振用の外部電源を与えます。4NEC2はこれらの情報をもとに電流分布を解析し、さらに得られた電流分布を使って入力インピーダンスや近傍や遠方などの放射電磁界、指向性、定在波比、アンテナ利得などを計算します。最後に計算結果を2次元や3次元のグラフとして出力します（図2）。

図1 モーメント法(MoM)による電磁界解析

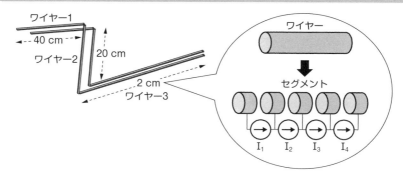

図2 MoMによるケーブルの遠方電磁界解析例

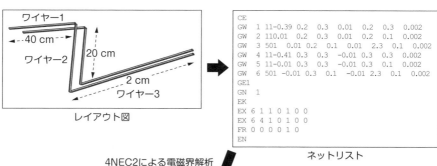

レイアウト図　　ネットリスト

4NEC2による電磁界解析

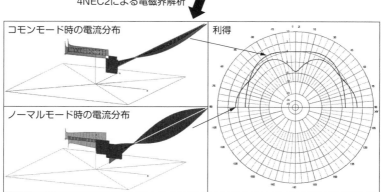

コモンモード時の電流分布　利得

ノーマルモード時の電流分布

POINT
◎モーメント法(MoM)は特に線状アンテナの解析に向いている
◎4NEC2は導体を円筒状のワイヤーに分割してアンテナの特性などを詳細に解析している

人体通信技術

　人の体は微小な導電性を持つ誘電体で、周囲の金属と静電容量結合します。例えば送電線の下では静電誘導によって体内にも電界が誘導されますが、その5〜6桁も大きな電界が皮膚などの人体表面に集中します。EMC試験などで電界を測定する際に人体が電界分布を乱す可能性があるため、十分な距離を取るなどの工夫が必要です。一方、車載ラジオを試験する際には、とりあえずラジオをオンにして手をあちらこちらにかざすことで、シールドが不足している箇所などを見つけ出すことができる場合があります。

　さらに人体を積極的に通信媒体として利用するアイデアも提案されており、これは人体通信（Intra-body Communication）と呼ばれています。人体通信では人体と結合する送信機を利用し、利用者が受信機に触れると信号が人体を伝わり、送信機と受信機がつながります。人体通信は電流方式と電界方式の2つに分類されます。前者は直接人体に微弱な電流を流して通信するものです。一方、後者は送信機側の発振によって人体表面の近傍電界に変化を生じさせ、この電界の変化を受信機で検知します。この方法は容量結合で人体表面に信号が伝わるため、送信機を衣服のポケットなどに入れたままでも通信が可能です。複数の人体を介して通信することも可能で、例えば握手するだけで電子名刺を交換できる使い方なども提案されています。

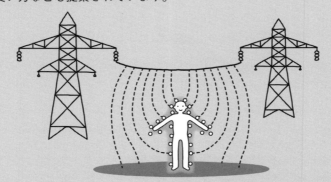

第3章

自動車 EMC 規格の概要

Automotive EMC Standards Overview

EMC規格の必要性

3-1

EMC分野ではたくさんの法律や規格がありますが、これらはなぜ必要なのですか？

現在、電波は放送だけでなく携帯電話やWi-Fi、GPS、ETC、非接触ICカードに利用され、社会・経済活動を支える基盤となっています。そのためにEMCによる相互干渉や混信などの問題を避けて適切に電波を管理する必要があります。特に電波の周波数は帯域ごとにその用途が細かく決められ、有効活用されています（図1）。車の主な無線通信機器には以下の周波数帯域が割り当てられ、利用されています。

1. AMラジオは約526kHz〜1.6MHzの帯域を使用しています。

2. 日本のFMラジオには従来76MHz〜90MHzの帯域が割り当てられていましたが、2014年からワイドFM（FM補完放送）として新たに76MHz〜95MHzの帯域が割り当てられました。

3. 携帯電話などのモバイル通信にはプラチナバンド（700MHz帯、800MHz帯、900MHz帯）、ローバンド（1.5GHz帯、1.7GHz帯、2.0GHz帯）、Sub6バンド（2.5GHz帯、3.5GHz帯、3.7GHz帯、4.5GHz帯）、ミリ波バンド（28GHz帯）が割り当てられています。

4. GPSはL1（1575.42MHz）、L2（1227.60MHz）、L3（1381.05MHz）、L4（1379.913MHz）、L5（1176.45MHz）を使用しています。

5. ETCには5.8GHz帯域が割り当てられています。

周波数ごとの用途以外に、放出が許されるEMIの限界値や耐えなければならないEMSの基準値などが細かく規格化されており、市販される電子機器などがこれらの規格に適合することが求められています。一般にシールドやフィルタなどの部品を追加すればEMC性能を向上できますが、そのためには費用がかかります（図2）。しかしコストを優先してEMCをおろそかにすると、周囲の電子機器の正常動作を保証できなくなる恐れがあります。そのために全体としてEMCを適切に管理しなければならず、以下のような様々な法規などの規格が制定されています（図3）。

1. 国際規格：ISOやIEC、CISPRなど

2. 地域規格：ENやECEなど

3. 国家規格：JISやVCCI、ANSI、GB、FCC、FDAなど

4. 業界規格：JEITAやIEEE、SAEなど

図1　周波数帯ごとの電波の名称と用途

名称	超長波	長波	中波	短波	超短波	極超短波	マイクロ波	ミリ波	サブミリ波 (テラヘルツ)
用途	潜水艦通信	標準電波時計、船舶・航空機ビーコン	AM放送、アマチュア無線、船舶通信	国際短波放送、航空機通信、アマチュア無線、ラジコン	FM放送、ICカード、防災・消防・警察無線	携帯電話、スマホ、無線LAN、地デジ、GPS、電子レンジ	ETC、無線LAN、衛星通信	自動車用レーダー、電波天文	セキュリティーゲート、非破壊検査、環境計測

3 k　　30 k　　300 k　　3 M　　30 M　　300 M　　3 G　　30 G　　300 G　　3 T

周波数（Hz）

図2　EMC規格の必要性

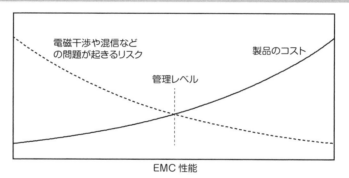

電磁干渉や混信などの問題が起きるリスク

製品のコスト

管理レベル

EMC 性能

図3　各種EMC法規

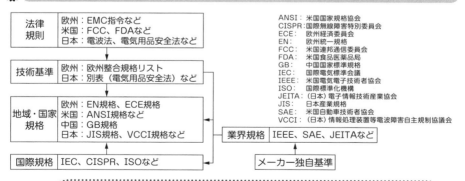

法律規則	欧州：EMC指令など 米国：FCC、FDAなど 日本：電波法、電気用品安全法など
技術基準	欧州：欧州整合規格リスト 日本：別表（電気用品安全法）など
地域・国家規格	欧州：EN規格、ECE規格 米国：ANSI規格など 中国：GB規格 日本：JIS規格、VCCI規格など
国際規格	IEC、CISPR、ISOなど

業界規格　IEEE、SAE、JEITAなど

メーカー独自基準

ANSI： 米国国家規格協会
CISPR：国際無線障害特別委員会
ECE： 欧州経済委員会
EN： 欧州統一規格
FCC： 米国連邦通信委員会
FDA： 米国食品医薬品局
GB： 中国国家標準規格
IEC： 国際電気標準会議
IEEE： 米国電気電子技術者協会
ISO： 国際標準化機構
JEITA：（日本）電子情報技術産業協会
JIS： 日本産業規格
SAE： 米国自動車技術者協会
VCCI：（日本）情報処理装置等電波障害自主規制協議会

POINT
◎電波が、放送から携帯電話、Wi-Fi、GPS、ETC、ICカードなど様々な分野で利用され、周波数帯によって異なる用途が細かく決められている
◎電波利用に関する各種規格が制定されている

EMI規格とEMS規格の関係

3-2

EMI規格とEMS規格のレベルには差があるようですが、なぜ差をつける必要があるのでしょうか？

　ガソリン車に使用される点火プラグによる電磁ノイズやエンジン制御システムなどに搭載されているマイコンやモータ、インバータなどから発生するクロックノイズやPWMノイズが、車載ラジオに電磁干渉して雑音が発生することがあります。このような問題に対処するためには抵抗入りの点火プラグを採用したり、マイコンやインバータをシールドしたり、フィルタを追加したりしてEMIを抑制することが考えられます。ただしラジオが非常に敏感な場合には、対策部品が大きくなり過ぎたり高価になり過ぎたりすることがあります。一方、ラジオの感度を落とすことでも上記のEMC問題を解決できますが、ラジオの受信性能が悪化して聴取できなくなる可能性があります。

　このように、EMC問題はEMIとEMSの両方の性能によって決まるため、一般的な対策方法としては、EMIを抑制する方法とEMSを高める方法が考えられます（図1）。従来のEMC規格ではEMIの抑制を重視していましたが、現在ではEMIとEMSの両性能をバランスよく割り当てるようになっています。そのためにEMIとEMSそれぞれの国内や国際規格の策定が進んでいます。

　一般住宅地域で使用される電気製品は、用途に応じて電界強度が120dBμV/m（1V/m）、130dBμV/m（3V/m）、または140dBμV/m（10V/m）のEMS試験に合格する必要があります。一方、欧州地域のECE R10規制では、車両から3m離れた地点で測定されるEMIの電界強度は、周波数によって約42〜55dBμV/m以下であることが求められています。このようにEMIとEMS規格には適切なマージンが設けられており、複数の電磁ノイズ発生源が存在するような複雑な電磁環境においても、電子機器が電磁干渉を受けずに正常に動作することが保証され、製品の安全性と相互運用性が確保されます。

　共通したEMIとEMS規格を確立するには、製品メーカーや国際機関、地域間などが協力することが必要です。EMC問題の解決は、技術と規格だけでなく産業界の共通理解と協力によっても支えられています。こうした努力によってEMC対応のための製品のコストが抑えられ、ユーザーにとっても信頼性のある製品が提供されることにつながります。

図1 EMC課題を対策するための方法

EMC対策にはEMIを抑制する方法とEMSを高める方法があり、両者をバランスよく実現することで製品のコストを抑えつつEMC性能を高めることができる。

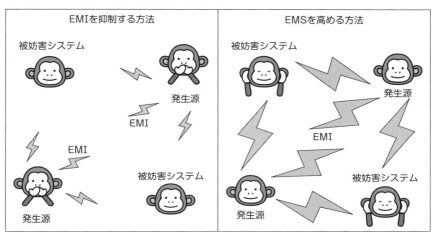

図2 EMIとEMSの規格例

EMIとEMSそれぞれの規格を守ることで適切なマージンが確保されてEMC問題が起きるリスクが低減される。

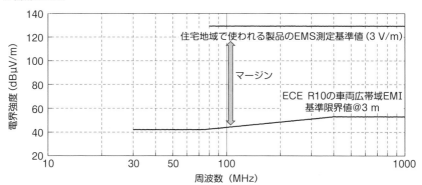

◎EMC問題の解決には、EMIとEMSの両性能をバランスよく考慮することが重要で、そのために国内や国際規格などが制定されている
◎EMIとEMSの規格にはマージンが設けられている

3-3 自動車 EMC 規格の概要

自動車に関連するEMC規格には車両の他に車載部品の規格があるようですが、なぜ分ける必要があるのでしょうか？

　現在の高度に電子化される車両において、EMCはますます重要性を増しています。車は比較的高速に移動し、長距離を移動できる交通手段です。そのため、車が放射する電磁ノイズは自車に搭載された様々な電子機器だけでなく、他の車や近隣の住宅にあるラジオやテレビなどの無線通信機器にも影響を与える可能性があります。さらに東京スカイツリーやその他の放送局の電波塔の近くを車が通る際には、強力な電磁波を受信することがあります。これによって自車の搭載電子機器やマイコンなどが誤作動し、交通事故の原因になる可能性も考えられます。

　このように、車は他の電子機器と比較してもEMCの管理が厳格に求められます。市販車ではEMIおよびEMSの試験に合格してEMC規格に適合していることを証明する必要があります。これらの試験を合格できない場合には販売が許可されない場合もあり、製品開発においてEMCは重要な位置を占めており、開発者にとってEMCの管理は絶対に避けて通れない課題となっています。

■開発を効率化するための試験方法

　一方、現在の車は複雑なエレクトロニクスや通信システムで構築されており、数万点の部品で構成され、数十以上のECU（電子制御ユニット）など、多くの電子部品が組み込まれています。新しい車両を開発する過程では、開発途中の電子部品を繰り返し車載して実車でEMC評価を行う方法は非効率的であり、開発期間やコストを増加させてしまいます。そこで、車載しようとしている部品を単体で先に、車を模した環境で評価してから合格品だけを実車評価するアプローチが取られています。このため、各種のEMC規格では車載部品と車両の試験方法が個別に規定されています（図1）。

■広帯域と狭帯域

　車から放射されるEMIは、広帯域と狭帯域の2種類に分類されています（図2）。広帯域EMIは、点火プラグなどから広い周波数帯域に渡って放射される電磁ノイズのことを指し、ピーク値検波と平均値検波の差が6dB以上で判断されます。一方、狭帯域EMIは、クロックノイズのような狭い周波数帯域に集中して放射される電磁ノイズのことで、ピーク値検波と平均値検波の差が6dB未満で判断されます。

図1 代表的な自動車EMC規格

	車載部品		車両	
	広帯域	狭帯域	広帯域	狭帯域
EMI	CISPR-25:2002	CISPR-25:2002	CISPR-12:2001	CISPR-12:2001 CISPR-25:2002
	30-1000 MHz ● 1m法	30-1000 MHz ● 1m法	30-1000 MHz ● 電界@10m ● 電界@3m	30-1000 MHz ● 電界@10m ● 電界@3m ● 自車アンテナによる測定

	車載部品		車両
	伝導	放射	
EMS	ISO-7637-2:2004	ISO-11452-1:2005 ISO-11452-2:2004 ISO-11452-3:2001 ISO-11452-4:2005 ISO-11452-5:2002	ISO-11451-2:2005 ISO-11451-4:1995
	20-2000 MHz	20-2000 MHz ● ALSE法 ● TEMセル法 ● BCI法 ● ストリップライン法	20-2000 MHz 電界測定 ● 振幅変調(AM) ● パルス変調(PM)

図2 広帯域と狭帯域電磁ノイズのスペクトラムの違い

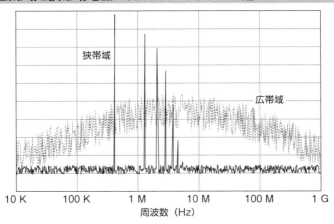

POINT

◎車から放射されるEMIが、周囲の電子機器や通信機器に影響を与える可能性がある。また放送局の電波塔の近くでは強力な電磁波を受信することもあり、車載電子機器の誤作動や交通事故の原因になる可能性がある

EMI測定のための検波器

3-4 EMIレシーバーには様々な検波器が用意されていますが、それはなぜですか？　これらの検波器の違いは何ですか？

　従来の車の電装品の中で、最も電磁ノイズを受けやすく敏感なのはラジオです。ラジオは放送を受信するために使用され、電磁ノイズを連続して受けるとザザザッという雑音が入り込み、放送中の音声や音楽が聞き取りづらくなることがあります。ただし、ノイズの頻度が低い場合や持続時間が短い場合には、ラジオの聴取に与える電磁ノイズの影響はそれほど大きくありません。したがってラジオのEMC性能を評価する際には、電磁ノイズのピーク値だけでなくその持続時間や頻度も考慮する必要があります。一般にEMCの性能を適切に評価するためには、被妨害システムの特性に合わせて電磁ノイズの影響を検討する必要があります。このため、EMIレシーバーには、ピーク値検波（PK）に加えて平均値検波（AV）や準尖頭値検波（QP）など様々な検波器が用意されています（図1）。

1. ピーク値検波（PK）

　ダイオードとピーク値を保存するためのコンデンサ、コンデンサの電荷をリセットするためのスイッチから構成され、電磁ノイズなどの波形のピーク値を検出して出力します。一般的なスペアナでは通常、包絡線をピーク値検波する方法が採用されています。PK検波の測定結果は入力の持続時間や頻度に影響されないため、ラジオの受信障害の程度を評価する際にはあまり適していないと考えられています。

2. 平均値検波（AV）

　ダイオードと平均値を保存するためのコンデンサ、コンデンサの充電時定数を決めるための充電抵抗で構成され、電磁ノイズなどの波形の平均値を検出して出力します。AV検波は、点火プラグなどから放出される広帯域の電磁ノイズの評価に適していると考えられています。

3. 準尖頭値検波（QP）

　AV検波と同じ構成を持ちますが、コンデンサの放電時定数を決めるための放電抵抗が追加され、PKとAV検波の中間的な値を出力します。QP検波はラジオ受信における受信障害のレベルを反映するように設計されており、電磁ノイズの持続時間が長いか頻度が高い場合に測定結果が高くなるような特性を持っています（図2）。この特性によってQP検波はこれまでのEMI測定に広く用いられてきました。

図1 EMIレシーバーに用意されている各種検波器の等価回路図

EMIレシーバーには、被妨害システムの特性に合わせて選べるように様々な種類の検波器が用意されている。

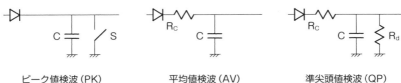

ピーク値検波 (PK)　　　　　平均値検波 (AV)　　　　　準尖頭値検波 (QP)

図2 頻度によるAVとQP検波結果の差異

QP検波を用いた測定結果は電磁ノイズのピーク値と平均値の中間に位置し、ノイズが高頻度で発生するとQP検波による測定値はノイズのピーク値に近づき、平均値との差が大きくなる。逆にノイズの出現頻度が低い場合、QP検波の測定値はノイズの平均値に近づき、その差は小さくなる。

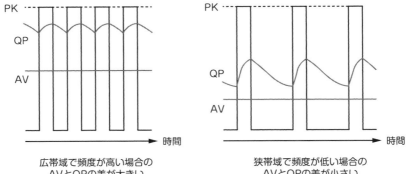

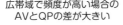

広帯域で頻度が高い場合の
AVとQPの差が大きい

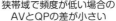

狭帯域で頻度が低い場合の
AVとQPの差が小さい

◎従来の車の電装品の中で、ラジオは電磁ノイズに最も影響を受けやすく、その品質に影響を及ぼす電磁ノイズを評価するためには、ピーク値だけでなく持続時間や頻度も考慮する必要がある

3-5 国際連合欧州経済委員会規格ECE R10規制

自動車EMCの国際規格にはECE R10規制があるようですが、この規制はどのように構成されていますか？

ECE R10（ECE規制第10号）は、1958年に締結された車両およびその他の移動体の相互承認に関する国際的な協定（1958年協定）に基づいて国際連合（UN）の欧州経済委員会（ECE）が発行した規則です。この規則は車両および車載部品のEMCに関するもので、欧州以外の多数の国でも適用されています。日本は1998年に1958年協定に加盟しました。

かつては欧州市場向けの車両および車載部品は、自動車EMC指令2004/104/ECの要求事項を満たす必要があり、それを示すためにeマークが必要でした。しかし2014年11月1日に2004/104/ECは廃止され、ECE R10へと移行しました。この変更に伴い、現在ではECE R10の要求事項を満たすことを示すためにEマークが使用されています（図1）。

EMCの各種規格や規制には限度値や参考値が規定されていますが、これらの値を試験や測定する方法も定める必要があります。ECE R10には1から22までの付属（Annex）があり、EMIやEMSの試験方法などが規定されています。その他の多くの自動車EMCの国際規格と同様に、ECE R10のEMI規格は主にCISPR規格を、EMS規格は主にISO規格を参照しており、整合性を重視しています（図2）。

■ CISPR規格

CISPR（Comite international Special des Perturbations Radioelectriques：国際無線障害特別委員会、シスプル）は、無線障害の原因となる各種機器からのEMIに関し、その測定方法と許容値を国際的に合意することによって国際貿易を促進することを目的として、1934年に設立された国際電気標準会議（IEC）の特別委員会です。主な車に関連するCISPR規格としてはCISPR 12とCISPR 25があります。

■ ISO規格

ISO（International Organization for Standardization：国際標準化機構）はスイスのジュネーブに本部を置く非政府機関で、物やサービスの国際的取引を容易にするために主に国際的に通用する規格を制定する活動をしています。主な車に関連するISO規格としてはISO 11451シリーズ、ISO 11452シリーズ、ISO 7637シリーズとISO 16750シリーズがあります。

🔧 図1　Eマークと国番号一覧

1958年協定の加盟国で相互認証を利用するにはECE R10への適合が必要で、ECE R10へ適合した製品には認可証が発行され、Eマークを付すことが求められる。これによってECE R10を受け入れた協定締結国へ製品を輸出する際に改めて認可手続きを行う必要がなくなる。

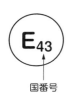

国番号

国番号	国・地域名	国番号	国・地域名	国番号	国・地域名	国番号	国・地域名
1	ドイツ	16	ノルウェー	31	ボスニア・ヘルツェゴビナ	46	ウクライナ
2	フランス	17	フィンランド	32	ラトビア	47	南アフリカ共和国
3	イタリア	18	デンマーク			48	ニュージーランド
4	オランダ	19	ルーマニア	34	ブルガリア	49	キプロス
5	スウェーデン	20	ポーランド			50	マルタ
6	ベルギー	21	ポルトガル	36	リトアニア	51	韓国
7	ハンガリー	22	ロシア連邦	37	トルコ	52	マレーシア
8	チェコ共和国	23	ギリシャ				
9	スペイン	24	アイルランド	39	アゼルバイジャン		
10	セルビア	25	クロアチア	40	マケドニア		
11	イギリス	26	スロベニア			56	モンテネグロ
12	オーストリア	27	スロバキア	42	欧州共同体		
13	ルクセンブルク	28	ベラルーシ	43	日本	58	チュニジア
14	スイス	29	エストニア				
15	（東ドイツ）	30		45	オーストラリア		

🔧 図2　ECE R10の付属一覧

ECE R10では様々な試験を付属（Annex）で規定しており、これらのうちEMIに関する試験はCISPR規格を、EMSに関する試験は主にISO規格を参照している。

	対象	試験内容	参照規格		対象	試験内容	参照規格
Annex 1				Annex 10	車載部品	過渡EMI	ISO 7637-2
Annex 2				Annex 11	車両	高調波電流	IEC 61000-3-2、-12
Annex 3				Annex 12	車両	電圧変動/フリッカ	IEC 61000-3-3、-11
Annex 4	車両	広帯域EMI	CISPR 12	Annex 13	車両	AC/DC線の伝導EMI	CISPR 16
Annex 5	車両	狭帯域EMI	CISPR 12/25	Annex 14	車両	通信線の伝導EMI	CISPR 22
Annex 6	車両	アンテナ照射EMS	ISO 11452-2	Annex 15	車両	E/FTB EMS	IEC 61000-4-4
		BCI EMS	ISO 11451-4	Annex 16	車両	サージEMS	IEC 61000-4-5
Annex 7	車載部品	広帯域EMI	CISPR 25	Annex 17	車載部品	高調波電流	IEC 61000-3-2、-12
Annex 8	車載部品	狭帯域EMI	CISPR 25	Annex 18	車載部品	電圧変動/フリッカ	IEC 61000-3-3、-11
Annex 9	車載部品	アンテナ照射EMS	ISO 11452-2	Annex 19	車載部品	AC/DC線の伝導EMI	CISPR 16
		TEMCELL EMS	ISO 11452-3	Annex 20	車載部品	通信線の伝導EMI	CISPR 22
		BCI EMS	ISO 11452-4	Annex 21	車載部品	E/FTB EMS	IEC 61000-4-4
		ストリップラインEMS	ISO 11452-5	Annex 22	車載部品	サージEMS	IEC 61000-4-5

◎欧州市場向けの車両と車載部品は以前2004/104/ECに従っていたが、2014年にECE R10への移行が行われ、Eマークが使用されるようになった
◎ECE R10にはEMIやEMSの試験方法などが規定されている

■ SAE規格

SAE（Society of Automotive Engineers：米国自動車技術者協会）は、自動車や航空宇宙関連などのモビリティ専門家を会員とする米国の非営利団体です。現在の加入メンバーは世界の約100ヶ国に存在し、その数は9万人に上ります。SAEが策定した標準規格の中で、自動車を含む陸上運輸に関連する規格には「J」というサフィックスが付けられています（図1）。

■ IEC規格

IEC（International Electrotechnical Commission：国際電気標準会議）は1908年に国際貿易の活発化や利便性を高めることを目的に、電気工学と電子工学およびそれらに関連した技術を扱うために設立されました。IECには現在、正会員84ヶ国を含む164ヶ国が参加しており、世界的に通用する国際規格を策定しています。EMCに関連する主な規格としてはIEC 61000シリーズがあります（図2）。

■ FCC規格

FCC（Federal Communications Commissions：米国連邦通信委員会）は米国のEMCに関する規格の作成、発行および規制を行っており、米国だけでなくカナダや南米でも参照されています。FCC CFR47規格では無線周波数機器やそれらの構成部品に対して技術標準を指定しており、Part 0からPart 90までの規定あります。例えばPart 2は無線周波数機器の一般規定、Part 15は無線周波数装置、Part 18はISM（Industry・Science・Medicine）機器を規定しています。

■ 電気用品安全法（PES）

日本国内の代表的なEMC規格には電気用品安全法（PES）や情報処理装置等電波障害自主規制協議会（VCCI）規格、日本産業規格（JIS）などがあります。

PESは電気用品の製造、輸入、販売を規制し、日本国内で製造される電気用品に対する危険や障害の発生を防止する目的で制定された法律です。PESの基準を満たす製品にはPSEマークが付されます（図3）。EMCに関しては「電気用品の技術上の基準を定める省令の解釈について」の別表第十（雑音の強さ）や第十二（国際規格等に準拠した基準）に規定されています。

⚙ 図1 自動車を含む陸上運輸のEMCに関連するSAE規格

	対象	試験内容		対象	試験内容
J551/1	自動車、ボート及び機械	自動車、ボート及び機械に対する電磁共存性の特性値と測定法（16.6Hz-18GHz）	J1113/1	車載電子機器	電磁両立性測定手順
J551/5	電気自動車	電気自動車からの電磁妨害特性値と測定法：広帯域9k-30MHz	J1113/2	車載電子機器	車載機器用伝導EMS試験
J551/11	車両	車両EMS	J1113/3	車載電子機器	無線周波電力の直接注入試験（BAN法）
J551/12	車両	車両電磁EMS-オンボードトランスミッタシミュレーション	J1113/4	車載電子機器	BCI試験
J551/13	車両	BCI試験	J1113/11	車載電子機器	トランジェントEMS試験
J551/15	車両	静電気試験	J1113/12	車載電子機器	低周波無線妨害波試験
J551/16	車両	リバブレーションチャンバー試験	J1113/13	車載電子機器	静電気試験
J551/17	車両	電源線への磁界EMS試験	J1113/21	車載電子機器	車載機器用放射EMS試験
			J1113/22	車載電子機器	磁界EMS試験
			J1113/23	車載電子機器	ストリップライン試験
			J1113/24	車載電子機器	TEM CELL試験
			J1113/25	車載電子機器	トリプレート試験
			J1113/41	車載電子機器	低周波EMS（リップルノイズ試験）
			J1113/42	車載電子機器	伝導性過渡EMS試験

⚙ 図2 EMCに関連する主なIEC規格

	規格の内容
IEC 61000-1	EMCに関する一般的な事項
IEC 61000-2	限度値を設定するための環境条件
IEC 61000-3	主に低周波EMIの限度値
IEC 61000-4	主に試験および測定技術
IEC 61000-5	機器の設置方法や妨害波の影響を軽減するための指針
IEC 61000-6	製品や製品群に当てはまらず、使用環境で分けられた共通規格

⚙ 図3 PSEマーク

PSEとはProduct Safety Electrical Appliance and Materialsの略称で、マークには特定電気用品用のひし形と、特定電気用品以外の丸形の2つに分類される。

POINT
◎EMCの規格はCISPRやISO、SAE、IEC、FCC規格などが制定されている
◎日本国内の代表的なEMC規格には電気用品安全法（PES）、VCCI、JIS、JEITAなどがあり、PESの基準を満たす製品にはPSEマークが付される

車両の放射EMI規格

3-7

車両から放射されるEMIはどのように測定されていますか？ いくら以下にすれば周囲の無線機器への影響を無視できるようになりますか？

　車両やボートなどから、周囲への電磁ノイズの放出に関する測定方法と限度値を規定した国際規格としてCISPR 12があります。この規格は、近隣住宅で使用される無線機器を保護することを目的としており、車両などから10m以上離れた受信機に対して適切な保護を提供するよう要件を定めています。そのため、測定は半径30mの範囲内で反射物のない地上や水上のオープンサイト（OTS）またはOTSの測定結果と相関を示せる電波暗室（ALSE）で行われます。

　CISPR 12では測定距離として10m（±0.2m）が推奨されていますが、3m（±0.05m）でも測定が可能です。測定用アンテナの高さは地面や水面からの反射を考慮して測定距離が10mの場合、3m（±0.05m）と規定され、測定距離が3mの場合は1.8m（±0.05m）とされています（図1）。

　測定距離が3mと近い場合、測定対象全体が測定用アンテナの半値ビーム幅に収まらないことがあります。この場合、測定対象全体を半値ビーム幅に収めるように複数の位置で測定を行なうなどの工夫が求められます。

　どちらの距離でもバイコニカルアンテナやログペリオディクアンテナを使用して、水平偏波と垂直偏波を測定することが規定されています。

　CISPR 12ではエンジンを動作させずにイグニション・スイッチをオンにし、車両の電子システムを通常の動作状態にする「Key-On, Engine-Off」モードと、エンジンを稼働させた「Engine-Running」モードの2つの動作状態に対してそれぞれの限度値が規定されています（図2）。前者は主に電子制御ユニット（ECU）などの電装品の電磁ノイズを評価するためのもので、後者は主にエンジンの点火ノイズや燃料ポンプ、電気自動車の駆動用モータなどの電磁ノイズを評価するためのものです。

　ガソリン車やディーゼル車のような内燃機関車の「Engine-Running」モードでは、エンジンの速度を2500rpm±10%（1気筒）または1500rpm±10%（多気筒）で稼働させます。一方、電気自動車の場合は車を無負荷のシャシダイナモなどの上に置き、最大速度または時速40キロで稼働させます。ハイブリッド車については内燃機関と電気自動車の両方の条件で動作させるか、または時速40キロになるように電気推進システムと内燃機関の両方を同時に稼働させるかのいずれかで測定します。

⚙ 図1　CISPR 12規格に基づく電波暗室内での試験

CISPR 12に基づく車両EMI試験はオープンサイト（OTS）または電波暗室（ALSE）で行われ、測定距離は10mまたは3mと規定されている。

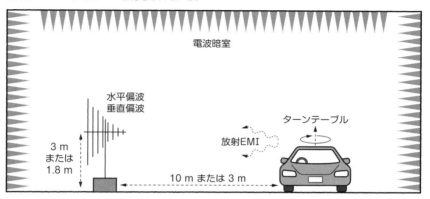

⚙ 図2　CISPR 12規格に基づく車両からのEMIの限度値

CISPR 12には「Key-On、Engine-Off」と「Engine-Running」の2種類の動作条件それぞれに対応した限度値が定められている。前者の測定は主に狭帯域ノイズに対応した平均検波器を使い、後者の測定はエンジンなどから放射される広帯域ノイズに対応するために準尖頭値検波器またはピーク値検波器を使う。図中のRBWは測定に使用するスペアナやEMIレシーバーの分解能バンド幅を表しており、これによってノイズの周波数成分をどの程度細かく見るかが決まる。

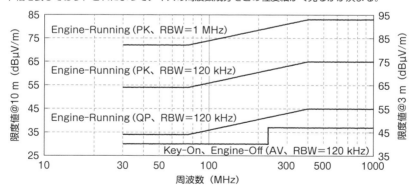

POINT　◎CISPR 12は車両やボートからの電磁ノイズ放出に関する国際規格で、近隣住宅の無線機器を保護することを目的としている

CISPR 25の放射EMI規格

車載機器などから放射されるEMIは自車の無線機器にも干渉すると思いますが、その影響はどのように試験したら良いですか？

　CISPR 12は周囲の無線機器を保護することを目的としているのに対して、CISPR 25は自車の車載無線機器を保護するためにCISPRが定める車載部品の妨害波の測定方法と推奨限度値の規格です（図1）。ECE R10規制などもCISPR 25を参照規格として採用しています。近年、5GHzまでの周波数帯域を利用する4GやLTE、5Gのスマートフォンや IEEE 802.11a、11n、11ac、11ax規格のWi-Fiなどが普及しており、これに伴って2021年に発行されたCISPR 25第5版では試験規格の対象周波数範囲が150kHz～5925kHzに拡大されました。

■測定方法

　CISPR 25では、放射EMIを測定するためにCISPR 12と同様に測定対象の車載部品を電波暗室に配置し、測定用アンテナを用いて試験をする方法と、電波暗室内で自車に搭載されたアンテナを用いて試験する方法が示されています（図2）。後者の方法によって比較的小型の電波暗室でも試験が行えるようになります。

　自車のアンテナを使用する場合、原則として正規の位置に設置されたアンテナの端子で妨害波電圧を測定します。複数のEMI発生源からの妨害波特性を試験する際には、全ての発生源を独立に正規の動作条件の範囲で作動させます。妨害波電圧はアンテナのコネクタ接地点を基準にしてアンテナケーブルの受信機端で測定します。この時のアンテナコネクタはラジオなどの車載受信機の筐体に接続し、受信機筐体は正規のハーネスを使用して車体に接地します。また妨害電波電圧を測定するための測定器は電波暗室の外に配置し、同軸の隔壁用コネクタを使用して接続します。

■推奨限度値

　妨害波の推奨限度値は妨害波源によって異なります。1～2秒程度の短い持続時間で作動するドアミラーなどのような妨害波源は、比較的高めの妨害波レベルを許容できますが、長い持続時間で作動するヒーター用送風モータなどのような妨害波源は、より厳しい条件を満たす必要があります。また周期的かつ狭帯域の妨害波となるクロックノイズなどは最も厳しい制限を課す必要があります。

　アンテナケーブルの端末における妨害波電圧がCISPR 25で規定されている限度値を超えないようにすることで、車内での良好な無線受信を確保することができます。

図1 CISPR 25の保護対象

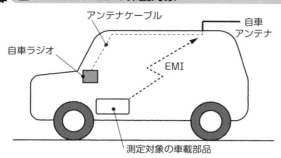

CISPR 25の保護対象は自車のラジオなどの車載無線機器となっている。

アンテナケーブル
自車アンテナ
自車ラジオ
EMI
測定対象の車載部品

図2 CISPR 25に基づく自車のアンテナを利用した放射EMI試験

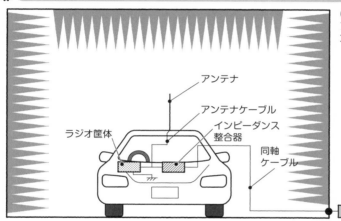

CISPR 25では自車のアンテナを利用した測定方法も示されている。

アンテナ
アンテナケーブル
インピーダンス整合器
同軸ケーブル
ラジオ筐体
測定器

図3 CISPR 25に基づく自車のアンテナを利用した放射EMIの推奨限度値

周波数の範囲	連続的			短い持続時間		狭帯域
	QP（点火システムのみ）		PK	QP	PK	PK
526.5kHz〜1.6065MHz	6dBµV		19dBµV	15dBµV	28dBµV	0dBµV
5.9MHz〜6.2MHz	6dBµV		19dBµV	6dBµV	19dBµV	0dBµV
30MHz〜54MHz	6dBµV	(15dBµV)	28dBµV	15dBµV	28dBµV	0dBµV
76MHz〜90MHz	6dBµV	(15dBµV)	28dBµV	15dBµV	28dBµV	6dBµV
142MHz〜170MHz	6dBµV	(15dBµV)	28dBµV	15dBµV	28dBµV	0dBµV
335MHz〜470MHz	6dBµV	(15dBµV)	28dBµV	15dBµV	28dBµV	0dBµV
770MHz〜960MHz	6dBµV	(15dBµV)	28dBµV	15dBµV	28dBµV	0dBµV

POINT
◎CISPR 25とは自車の車載無線機器を保護するためのCISPR規格である
◎CISPR 25の車両EMIに関する測定方法には自車に搭載されたアンテナを使用する方法がある

3-9 車載部品からの放射EMI規格

車が完成する前に搭載予定の、車載機器だけのEMI性能を確認する試験方法やEMI規格はありますか？

　CISPR 25には自車のアンテナを使わずに車載部品を電波暗室内に配置し、測定用アンテナを使用して評価するALSE法と呼ばれる方法も示されています（図1）。ALSE法によって完成車を待たずに個別の車載部品を評価できます。

　CISPR 25におけるALSE法の測定には、周波数70MHz〜5925MHzの範囲で壁などでの電磁波の反射減衰量が6dB以上である電波暗室が必要です。また、測定用アンテナや被試験機器と電波吸収体の間隔は1m以上、アンテナと床面の間は250mm以上の距離が必要と規定されています。さらに試験には人や机、棚などの試験に関係しない機材が電波暗室内に存在してはならないとされています。

　試験は木製などの非導電性の試験台の上にGNDプレーンとして厚さ0.5mm以上の銅や亜鉛めっき鋼の板を敷き、その上に被試験機器を配置して行います。GNDプレーンは、長さと幅の比率が7：1以下の接地ストラップを300mm以下の間隔で取り付け、シールドルーム壁または床に直流抵抗が2.5mΩ以下となるように接続されます。また安定した電源インピーダンスを得るために、CISPR 25のALSE法の測定では50Ω/5μH型のLISNが使用されます。試験時には、被試験機器と負荷をつなぐハーネスが高さ50mmの位置に1.5mがGNDプレーンと平行に引かれるように配置されます。

　CISPR 25では、測定する周波数や通信サービスに応じて次の分解能バンド幅RBWが指定されています。
—　150kHz〜30MHz：9kHz（9kHz／10kHz）
—　30MHz〜1000MHz：120kHz（100kHz／120kHz）
—　1GHz〜：1MHz
—　DAB III、TV Band III、DTTV：1MHz
—　GPS L5、BDS—B1I、GPS L1、GLONASS L1：9kHz（9kHz／10kHz）

　また被妨害システムとなる受信機の特性や取り付け位置、車体やハーネスの構造などによって求められる保護の厳しさが異なるため、CISPR 25では最も緩いクラス1から最も厳しいクラス5までの限度値が示されています（図2）。どの限度値を適用するかはユーザーの選択に委ねられています。

⚙ 図1　CISPR 25のALSE法に基づく車載部品の放射EMI測定

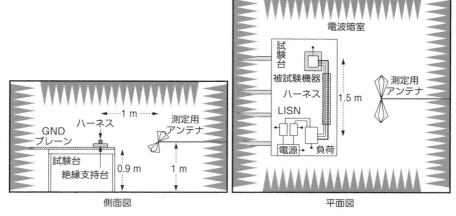

側面図　　　　　　　　　　　　平面図

⚙ 図2　CISPR 25のALSE法に基づく車載部品の放射EMI限度値

周波数 (MHz)	サービス／帯域	放送 (dBμV/m) クラス1			クラス2			クラス3			クラス4			クラス5		
		AV	QP	PK	AV	QP	PK	AV	QP	PK	AV	QP	PK	AV	QP	PK
0.15–0.3	LW	66	73	86	56	63	76	46	53	66	36	43	56	26	33	46
0.53–1.8	MW	52	59	72	44	51	64	34	43	56	28	35	48	20	27	40
5.9–6.2	SW	44	51	64	38	45	58	32	39	52	26	33	46	20	27	40
76–108	FM	42	49	62	36	43	56	30	37	50	24	31	44	18	25	38
41–88	TV Band I	42		52	36		46	30		40	24		34	18		28
174–230	TV Band III	46		56	40		50	34		44	28		38	22		32
171–245	DAB III	40		50	34		44	28		38	22		32	16		26
468–944	TV BandIV	55		65	49		59	43		53	37		47	31		41
470–770	DTTV	59		69	53		63	47		57	41		51	35		45
1447–1494	DAB L band	42		52	36		46	30		40	24		34	18		28
2320–2345	SDARS	48		58	42		52	36		46	30		40	24		34

周波数 (MHz)	サービス／帯域	モバイルサービス (dBμV/m) クラス1			クラス2			クラス3			クラス4			クラス5		
		AV	QP	PK	AV	QP	PK	AV	QP	PK	AV	QP	PK	AV	QP	PK
26–28	CB	44	51	64	38	45	58	32	39	52	26	33	46	20	27	40
30–54	VHF	44	51	64	38	45	58	32	39	52	26	33	46	20	27	40
68–87	VHF	39	46	59	33	40	53	27	34	47	21	28	41	15	22	35
142–175	VHF	39	46	59	33	40	53	27	34	47	21	28	41	15	22	35
380–512	アナログUHF	42	49	62	36	43	56	30	37	50	24	31	44	18	25	38
300–330	RKE	42		56	36		50	30		44	24		38	18		32
420–450	RKE	42		56	36		50	30		44	24		38	18		32
820–960	アナログUHF	48	55	68	42	49	62	36	43	56	30	37	50	24	31	44
860–895	GSM 800	48		68	42		62	36		56	30		50	24		44
925–960	EGSM/GSM 900	48		68	42		62	36		56	30		50	24		44
1567–1583	GPSL1 civil	48			42			36			30			24		
1591–1616	GLONASS L1	34			28			22			16			10		
1803–1882	GSM1800（PCN）	34		68	28		62	22		56	16		44	10		50
1850–1990	GSM1900	48		68	42		62	36		56	30		44	24		50
1900–1992	3G/IMT 2000	48		68	42		62	36		56	30		44	24		50
2010–2025	3G/IMT 2000	48		68	42		62	36		56	30		44	24		50
2108–2172	3G/IMT 2000	48		68	42		62	36		56	30		44	24		50
2400–2500	Bluetooth/802.11	48		68	42		62	36		56	30		44	24		50

POINT

◎CISPR 25には、自車のアンテナを使用せずに車載部品を電波暗室内に配置し、測定用アンテナを用いて評価するALSE法があり、ALSE法を使用することで完成車を待つことなく個別の車載部品を評価できる利点がある

車載部品の伝導EMI規格

車載機器の伝導EMIを評価するには、どんな設備が必要で、どんな方法で測定できますか？

放射EMIを評価する際には、アンテナを使用して電磁波の電界強度や磁界強度を測定します。この過程で外部からの電磁ノイズの影響を除去するためには、電波暗室内での試験が必要です。一方、伝導EMIの評価にはケーブルを伝導する電磁ノイズの電圧や電流を測定します。この評価では、電波吸収体を取り付けていないシールドルームでも十分に実施可能なため、手軽に試験を行うことができます。CISPR 25には、放射EMIだけでなく伝導EMIの測定方法と限界値についても記載されています。

CISPR 25における伝導EMIの測定には、電圧法と電流プローブ法の2種類の方法が示されています（図1）。

1. 電圧法

LISNにおける電磁ノイズの電圧をEMIレシーバーやスペアナで測定します。CISPR 25の電圧法では被試験機器からLISNに接続するまでのハーネスの長さは200mmと定められており、これを正確に守る必要があります。また測定できる周波数の範囲は150kHz～108MHzとなっています。

2. 電流プローブ法

電流プローブを使用して被試験機器から出ているハーネスをクランプし、ハーネスを流れている電磁ノイズの電流を測定します。測定できる周波数の範囲は150kHz～1GHzまでとなっていますが、一般的には30MHzでプローブの切り替えが必要になります。測定する信号が小さい30MHz以上の周波数などでは、プリアンプを挿入して測定することが行われています。またハーネスの共振による定在波の影響を考慮し、被試験機器から50mmの位置と750mmの位置の2ヶ所で測定します。

■限度値

CISPR 25には、電圧法と電流プローブ法で測定される伝導EMIの限度値が定められています。前者の電圧法は108MHz以下のLW、MW（AM）、SW、FM、TV Band I、CBや87MHzまでのVHF帯までしか限度値が規定されていません（図2）。一方、後者の電流プローブ法はこれに加えてDAB IIIや142MHz～175MHzのVHF帯にも限度値が規定されています（図3）。

図1　CISPR 25に基づく車載部品の伝導EMI測定

CISPR 25には伝導EMIの測定方法と限界値が示されており、測定方法には電圧法と電流プローブ法の2種類が規定されている。

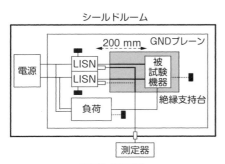

電圧法（平面図）　　　　　　電流プローブ法（平面図）

図2　CISPR 25に規定されている電圧法の限界値

放送（dBµV）

周波数(MHz)	サービス／帯域	クラス1			クラス2			クラス3			クラス4			クラス5		
		AV	QP	PK	AV	QP	PK	AV	QP	PK	AV	QP	PK	AV	QP	PK
0.15–0.3	LW	66	97	110	56	87	100	46	77	90	36	67	80	26	57	70
0.53–1.8	MW	52	73	86	44	65	78	36	57	70	28	49	62	20	41	54
5.9–6.2	SW	44	64	77	38	58	71	32	52	65	26	46	59	20	40	53
76–108	FM	42	49	62	36	43	56	30	37	50	24	31	44	18	25	38
41–88	TV Band I	42		58	36		52	30		46	24		40	18		34

モバイルサービス（dBµV）

周波数(MHz)	サービス／帯域	クラス1			クラス2			クラス3			クラス4			クラス5		
		AV	QP	PK	AV	QP	PK	AV	QP	PK	AV	QP	PK	AV	QP	PK
26–28	CB	44	51	64	38	45	58	32	39	52	26	33	46	20	27	40
30–54	VHF	44	51	64	38	45	58	32	39	52	26	33	46	20	27	40
68–87	VHF	39	46	59	33	40	53	27	34	47	21	28	41	15	22	35

図3　CISPR 25に規定されている電流プローブ法の限界値

放送（dBµA）

周波数(MHz)	サービス／帯域	クラス1			クラス2			クラス3			クラス4			クラス5		
		AV	QP	PK	AV	QP	PK	AV	QP	PK	AV	QP	PK	AV	QP	PK
0.15–0.3	LW	70	77	90	60	67	80	50	57	70	40	47	60	30	37	50
0.53–1.8	MW	38	45	58	30	37	50	22	29	42	14	21	34	6	13	26
5.9–6.2	SW	23	30	43	17	24	37	11	18	31	5	12	25	−1	6	19
76–108	FM	14	15	28	8	9	22	2	3	16	−4	−3	10	−10	−9	4
41–88	TV Band I	12		24	6		18			12	−6		6	−12		
174–230	TV Band III															
171–245	DAB III			22			16			10			4			−2

モバイルサービス（dBµA）

周波数(MHz)	サービス／帯域	クラス1			クラス2			クラス3			クラス4			クラス5		
		AV	QP	PK	AV	QP	PK	AV	QP	PK	AV	QP	PK	AV	QP	PK
26–28	CB	14	21	34	8	15	28	2	9	22	−4	3	16	−10	−3	10
30–54	VHF	14	21	34	8	15	28	2	9	22	−4	3	16	−10	−3	10
68–87	VHF	8	15	28	2	9	22	−4	3	16	−10	−3	10	−16	−9	4
142–175	VHF	8	15	28	2	9	22	−4	3	16	−10	−3	10	−16	−9	4

POINT

◎CISPR 25に規定されている伝導EMIの測定には、電圧法と電流プローブ法の2種類あり、電波吸収体を取り付けていないシールドルームでも十分に実施できる

3-11 車両のEMS規格

車両のEMS性能を評価するには、どのような試験方法がありますか?

EMSに関する規格はCISPRにありません。ECE R10規制ではEMSの規格として ISO 11451、ISO 11452、ISO 7637などを参照しており、ISO 11451は、周波数10 kHz〜18GHzの放射電磁ノイズに対する車両のEMS性能を試験する方法を規定し た国際規格です。

ISO 11451規格では強い電磁ノイズを発生させ、アンテナなどを用いて電磁ノイ ズを車両に照射し、試験を行ないます。電磁ノイズの周囲への影響や部屋の壁から の反射が試験に及ぼす影響などを考慮し、通常は適切な電波暗室またはリバブレー ションチャンバーの中で試験を行う必要があります。

ISO 11451規格では、強い電磁ノイズを車両に照射する方法として2種類の方法 が示されています。

1. アンテナを使用する方法

20MHz〜30MHz以上の高い周波数では通常、アンテナを用いて電磁ノイズの 照射を行います(図1)。

2. TLS(Transmission Line System)を使用する方法

周波数が低く、波長が長い場合ではアンテナを用いて車両に均等に強い電磁ノ イズを照射することが難しくなります。その際にはTLSと呼ばれる設備を使用 します(図2)。TLS法は電波暗室内にストリップラインと同等な構造を使用し て均等な強い電界の領域を効率的に生成します。これによって10kHzまでの低 い周波数のEMS性能を評価できます。

ISO 11451やISO 11452では、EMS試験のための電磁ノイズとして、無変調連続 波(Continuous Wave、CW)、振幅変調(Amplitude Modulation、AM)、パルス変 調(Pulse Modulation、PM)のような変調波が使用されています(図3)。

試験の際には各周波数の電磁ノイズを特定の暴露時間ごとに照射し、試験対象の 車両への影響を確認します。ISO 11451では滞在時間の最小値を1秒以上と規定さ れていますが、実際の照射時間はそれぞれの周波数のノイズに対する車両の応答を 確実に確認できるよう、車両の各部の特性や動作に応じて決定する必要があります。

図1　ISO 11451 規格の基づくアンテナを利用した車両EMS試験

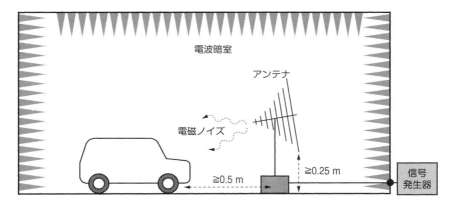

図2　ISO 11451 規格に基づくTLSを利用した車両EMS試験

周波数が低い場合にはアンテナの代わりTLSが電磁ノイズの照射に使用されている。

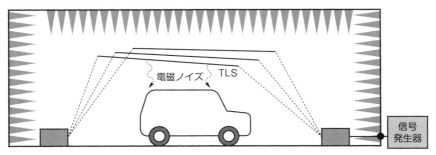

図3　EMS試験に利用されている変調波

パルス変調には、TDMA方式などの無線通信を模擬したタイプ1と、レーダーを模擬したタイプ2の2種類が使用されている。

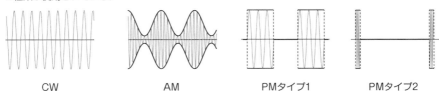

CW　　　　AM　　　　PMタイプ1　　　　PMタイプ2

POINT　◎ISO 11451 規格は、周波数10kHz〜18GHzの放射電磁ノイズに対する車両のEMS試験方法を定めた国際規格であり、アンテナやTLS（Transmission Line System）を用いた照射方法が示されている

車載部品の放射EMS規格

3-12 放射電磁界に対する車載部品のEMSは、どのように評価されていますか？

電磁ノイズに対する車載部品のEMS性能を試験する方法を規定した国際規格として ISO 11452 があります。車載部品が電磁ノイズに曝されると、主にワイヤハーネスにノイズが誘起され、誤動作を引き起こす可能性があります。そのため、ISO 11452では以下の2種類の試験方法が示されています。

1. アンテナを用いた方法

   アンテナを使用して電磁ノイズを照射し、ISO 11452–2やISO 11452–11規格に従って車載部品のEMS性能を直接評価します。この試験法には電波暗室、リバブレーションチャンバー、ストリップライン、TEMセルなどが使用されます。

2. ハーネス励磁法

   ISO 11452–4などで規定されているBCI（Bulk Current Injection）やTWC（Tubular Wave Coupler）、DPI（Direct Radio Frequency Power Injection）などを用いてハーネスにノイズが誘起される状況を模擬して評価します。

■ ALSE法

この方法は電波暗室内でアンテナを使用して車載部品に電磁ノイズを照射し、EMS性能を評価します（図1）。使用されるハーネスの長さは1.5mと規定されていますが、シールドの有無や接地方法などは実際の使用状況に合わせます。

従来、小型の車載部品ではボディーアースが採用され、その場合の電源のリターンパスはケーブルではなく車体となります。一方、高電圧部品や大型部品では電源と負荷それぞれの正負両端子を往復ケーブルで接続し、配電します。ISO 11452–2ではこれらの状況を模擬するために2種類の接地方法が規定されており、それぞれの場合に応じてV–LISNが1台または2台使用されます（図2）。

■ 試験レベルと機能への影響の判定基準

ISO 11452–2を参照規格として採用しているECE R10規制では、車載部品のEMS性能を評価するために、周波数800MHz以下のAM変調および800MHz以上のPMタイプ1変調による電界強度が30V/mの妨害波を用いて試験することが定められています。さらにISO 11452では電磁ノイズが車載部品の機能に与える影響を4つの状態に分類しています（図3）。

⚙ 図1　ISO 11452-2のALSE法に基づく車載部品のEMS試験

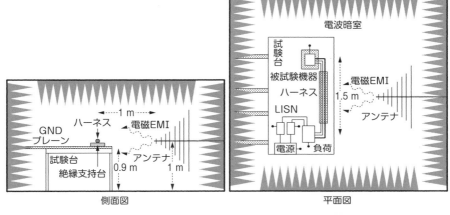

側面図　　　　　　　　　　　　　　　　　　　　平面図

⚙ 図2　ISO 11452-2で規定されている2種類のセットアップ

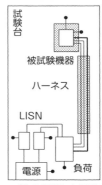

ボディーアースを模擬した試験セットアップ　　　往復電源ケーブルを模擬した試験セットアップ

⚙ 図3　ISO 11452で分類された電磁ノイズが車載部品の機能に与える影響

状態	影響
1	試験中と試験後、機能が設計通りに動作し、影響を受けない。
2	試験中は機能が設計通りに動作しないが、試験後は機能が自動的に復帰する。
3	試験中は機能が設計通りに動作せず、試験後でスイッチを操作するなどのオペレーターの関与で機能が復帰する。
4	試験中は機能が設計通りに動作せず、試験後で正常動作に戻すにはバッテリや給電線を外して再接続するようなより広範な関与を必要とする。 但し、試験の結果として機能が恒久的な損傷を被ってはならない。

POINT
◎車載部品のEMS評価には、アンテナ法とハーネス励磁法がある
◎ISO 11452-2では電波暗室内でアンテナを使用し、車載部品に電磁ノイズを照射してEMS性能の評価を行う

3-13 ハーネス励磁法による車載部品のEMS試験

アンテナを使わずに車載部品のEMS性能を評価する方法があります
か？

　住宅地域で使用される一般的な製品のEMS要求レベルは通常3V/mとなってい
ます。一方、ECE R10規制に基づく車載部品EMSの要求レベルは、30V/mと一般
の住宅地域の要求レベルの10倍高い値です。この値は、例えば出力1Wの携帯電話
などの無線機を距離20cmの車内や車両の近くで使用した場合の電界強度であり、
実際に起こりうる値です（図1）。しかし特に周波数が低い場合、アンテナを使用し
て車載部品にこのような強い電界を照射することは難しいです。このため、ISO
11452ではBCI（Bulk Current Injection）やTWC（Tubular Wave Coupler）などを
使用して妨害波電流や電力をハーネスに注入する方法が規定されています。

　BCI法では、試験対象のハーネスに取り付けた電流注入プローブ（BCIプローブ）
を使用してハーネスにコモンモード電流を誘発させて試験を行います。電流注入プ
ローブはトロイド状のコアに巻線を施したもので、その巻線を一次巻線として機能
し、トロイドの穴の中を通るハーネスを単巻の二次巻線として機能します。これに
よってハーネスに電流を誘起されます（図2）。ISO 11452-4では周波数1～100MHz
の範囲でBCI法を適用することができます。BCI法は使用する電流プローブの校正
方法に応じて置換法と電力制限付き閉ループ法の2種類に分類されます。

　置換法では、試験を校正と本試験の2つのステップに分けて行います。まず電流
注入プローブを校正治具に取り付けて、各周波数で所定の電流を発生させるために
必要な進行波電力を測定します。本試験では校正で得た電力を元に、電流プローブ
を使用して所定の電流をハーネスに注入します。

　電力制限付き閉ループ法では、電流注入プローブとは別に電流測定用プローブを
ハーネスに取り付けて試験時に注入される電流を測定します。電流測定用プローブ
の校正には置換法と同様の校正治具を使用します。

　TWCはハーネスを内部と外部の2重シールドで覆い、高周波電流を内部と外部
導体間に注入してハーネスにノイズを誘発し、測定を行います（図3）。内部と外部
導体間の伝播する電磁ノイズをTEM（Transverse Electromagnetic）モードに制限
するために、測定周波数は内部導体の径で決まる高次モードのカットオフ周波数よ
りも低い値に設定する必要があります。

図1 放射が等方的の場合の電界強度

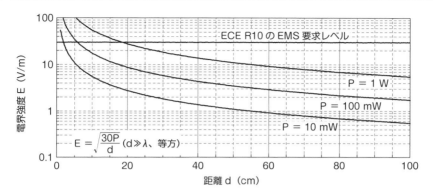

図2 BCI試験で使用される電融注入プローブ

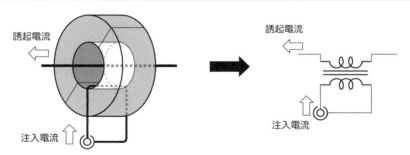

図3 TWCによるハーネス励磁EMS試験

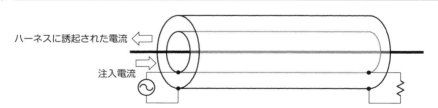

POINT
◎BCI法はハーネスに電流注入プローブを使用して試験を行う
◎TWC法ではハーネスを2重シールドし、内部と外部導体間に高周波電流を
注入してノイズを誘発する

車載部品の過渡電圧サージ試験

3-14

比較的低周波高電圧の電源電圧の変動でも、車載部品が誤動作することがあります。このような電圧変動に対する車載部品の耐性を確認する試験がありますか？

車載部品はワイヤハーネスを通して12Vバッテリーやオルタネーター、イグニッションシステムなどに接続されており、バッテリー端子の外れや断線、イグニッションスイッチの切断などによる電圧サージの発生が考えられます（図1）。これらの電圧サージの影響を評価するためには周波数ではなく電圧の時間波形を模擬する必要があり、そのためにISO 7637などの規格があります。ISO 7637の規定はECE R10規制にも採用されています。

ISO 7637では電源線上で予想される代表的な過渡現象を再現するため、試験パルスの振幅や立上がり時間、パルス幅などのパラメーターを規定しています。各種過渡現象に対応するため、以下の試験パルスの種類があります。

1. Pulse 1

   電源を誘導負荷から切り離すことで発生する過渡電圧に対する機器の耐性を試験します。車載部品が誘導負荷に並列に接続されている状況を模倣しています。

2. Pulse 2a

   ワイヤハーネスの電流が急激に遮断されることによって発生する過渡電圧に対する機器の耐性を試験します（図2）。

3. Pulse 2b

   電源がオフになった状態での直流モータなどの誘起電圧を模倣します。

4. Pulse 3a/3b

   スイッチングのプロセスによって発生する過渡電圧に対する機器の耐性を試験します。配線のインダクタンスや静電容量が試験に影響します（図3）。

5. Pulse 4

   エンジンのスタータモータによって発生する電源電圧の低下を模倣します。

6. Pulse 5a/5b

   バッテリー切断時にオルタネーターから発生するロードダンプサージに対する機器の耐性を試験します。5aはオルタネーターに内部保護機能（ツェナーダイオード）がついていない時に印加、5bはオルタネーターに内部保護機能がついている時に印加します。

094

⚙ 図1 ガソリン車の電気系統

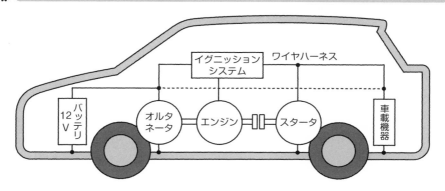

⚙ 図2 ISO 7637のPulse 2aとPulse 2bの電圧波形

ワイヤハーネスの電流が急に遮断されたり、電源がオフにされたりしたことで発生する電圧サージを模倣している。

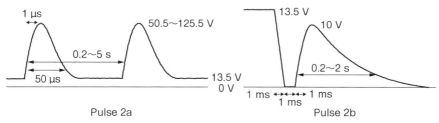

⚙ 図3 ISO 7637のPulse 3a／3bの電圧波形

スイッチを開閉する際に、配線の寄生インダクタンスや静電容量によって発生する立ち上がりの早い正や負極性の高電圧パルスを模倣している。

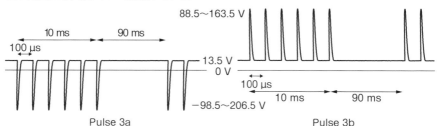

POINT ◎ISO 7637は、車載部品に対する電源線の色々な電圧サージの影響を試験するための規格で、代表的な試験パルスには、電源切断やインダクタンスの遮断、モーター動作時の過渡現象などがある

静電気放電試験

3-15

静電気は車や車載機器に影響しますか？　その耐性を確認するにはどのような試験がありますか？

　乾燥した冬ではカーペットやシートなどとの摩擦によって静電気が発生し、人体に帯電することがあります。この静電気は数kV以上の高電圧に達することもあります。高電圧に帯電した人が車のドアなどの導電部に触れると静電気放電（ESD）が発生します。ESDは不快感だけでなく車載部品の損傷や誤動作を引き起こす可能性もあります。そのため、車載部品のESDに対する耐性を試験する必要があり、広くISO 10605規格が用いられています。

　ISO 10605規格では、ESDガンを使用してESDを模倣します（図1）。ESDガンは人体の静電容量を近似するための電荷蓄積用コンデンサCと、放電経路のインピーダンスを近似するための放電抵抗Rで構成されています。車外や車内にいる人からのESDを模倣するために、Cの値をそれぞれ150pFと330pFとしています。また鍵などの金属片を介して起こるESDや人の皮膚から直接起こるESDを模倣するために、Rの値をそれぞれ330Ωと2kΩとしています。

　ESDには気中放電と接触放電の2つのモードがあり、それぞれのモードに対応したESDガンの先端の形状が異なります。

　気中放電モードは、帯電している人体が導電部に近づいた際に空気が絶縁破壊して放電が発生する現象です。このモードを模倣するためのESDガンは先端が丸みを帯びた形状になっています。

　一方、接触放電モードは、人体や人体に直接触れている鍵などが導電部に触れた際に放電が発生する現象です。このモードを模倣するためのESDガンは先端が尖がった形状になっています。

　ISO 10605では、気中放電モードを模倣するための試験電圧の範囲を2kV〜25kVとし、接触放電モードの試験電圧範囲はそれよりも低い2kV〜15kVとしています。さらに試験の方法として直接放電試験と間接放電試験の2種類が規定されています。直接放電試験では通電状態の車載部品に対して実際の使用中に触れる箇所に直接ESDを印加します（図2）。一方、間接放電試験では車載部品の近傍で発生するESDの影響を評価するために被試験対象に配置された水平結合板や垂直結合板にESDを印加して評価を行います。

🔧 図1 ESDガンの構造と等価回路

ESDガンとは静電気放電現象を再現するための装置で、
電荷蓄積用コンデンサC、放電抵抗R、放電スイッチから
構成されている。一般的に、車の外部や内部にいる人々の
皮膚からの直接放電や鍵などを介して起こる放電現象を模
倣するために、複数のコンデンサや抵抗が用意されている。
さらに気中放電と接触放電の両方を模倣できるように複数
の電極が備えられている。

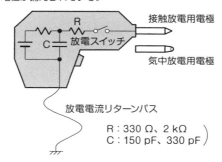

R：330 Ω、2 kΩ
C：150 pF、330 pF

🔧 図2 直接放電試験のセットアップ

ESD試験には通電状態の車載部品に対して実際の使用中に触れる箇所に直接ESDを印加する直接放電
試験と、被試験対象に配置された水平結合板や垂直結合板にESDを印加する間接放電試験の2種類が
ある。

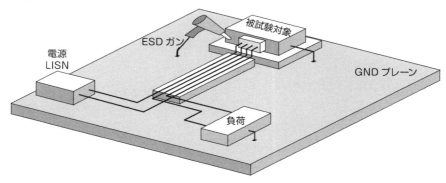

POINT
◎ISO 10605は車両や車載部品の静電気放電（ESD）に対する耐性試験として
　広く使用されている
◎ISO 10605ではESDガンを使用してESDを被試験対象に印加します

低周波磁界に対する車載部品のEMS規格

車載機器は商用電源から発生する磁界の影響を受けますか？　その耐性はどのように確認できますか？

　家庭で使用される一般的な電子機器は、絶えず50Hzまたは60Hzの商用電源から発生する磁界の影響を受けています。このような磁界が誤動作を引き起こさないようにするためには十分なEMS性能が求められます。同様に車両も送電線の下や発電所、配電施設、変電所、その他の電力設備および鉄道施設の近くなどで強い低周波磁界を受けることがあります。さらに電気自動車などに使用される車載部品は駆動用の大電力モータやインバータから発生する強力な低周波磁界によって誤動作を引き起こされる可能性があります。このため、低周波磁界に対する車載部品のEMS試験としてISO 11452-8などの規格が定められています。

　ISO 11452-8では、車載部品の低周波磁界に対するEMS性能を測定するために、放射ループ法やヘルムホルツコイル法を使用します。

　放射ループ法では、小型の磁界放射ループを被測定対象の表面から50mm離した位置に置き、放射ループに電流を流して磁界を発生させます。標準的には直径120mm、巻数20の円形の放射ループが用いられています。

　一方、ヘルムホルツコイル法では空間的に均一な磁界を発生させるために半径が等しい2つのコイルを同一の中心軸を持つように配置します。この時のコイル間の距離はコイルの半径と同じで、2つのコイルには同じ向きと大きさの電流を流します。被測定対象を2つのコイルの間に配置することで、ほぼ軸方向成分のみから成る均一性の高い磁界を印加することができます（図1）。

　いずれの試験方法においても強い磁界が発生しているため、GNDプレーンを含めて被測定対象以外の金属面からコイルを離すよう注意する必要があります。また磁界が人体の暴露限度を超える可能性があるため、特にペースメーカーや除細動器などの埋め込み型医療機器を使用している人などの接近にも注意が必要です。

■試験レベル

　ISO 11452-8では周波数15Hz～150kHzの範囲において、最も緩いレベル1から最も厳しいレベル4までの試験レベルが示されています。レベル4では周波数15Hz～1kHzの範囲で180dBμA/mで試験するようになっており、この値は地磁気の数十倍以上になります。

図1 ヘルムホルツコイル法による低周波磁界のEMS試験セットアップ

ヘルムホルツコイルを使用することで、ほぼ一方向の均一な磁界を
被試験機器にかけることができる。

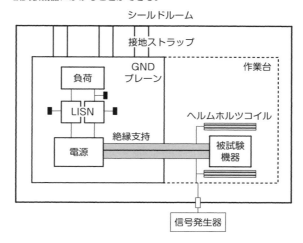

図2 ISO 11452-8で規定されている低周波磁界EMSの試験レベル

被試験対象の磁界に対する感度の違いなどで4種類の試験レベルが定められている。

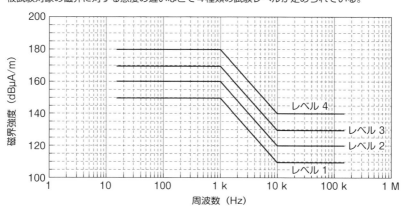

POINT
◎車両および車載部品においても低周波磁界のEMS性能が求められている
◎ISO 11452-8規格では、低周波磁界のEMS性能を測定するために放射ル
ープ法とヘルムホルツコイル法の2種類が示されている

電磁界の人体暴露に関する防護規制

3-17 電磁界が人体にどのような影響を与えますか？　許容できると考えられる電磁波の強度はどの程度ですか？

　電磁界は電子部品だけではなく人体にも影響を与えます。人体に悪影響を及ぼす可能性のある電磁界の周波数や強度などの要因を測定することは、電子部品のEMS試験に対してEMF（Electromagnetic Field）試験と呼ばれています。この試験は世界保健機関（WHO）や国際非電離放射線防護委員会（ICNIRP）、欧州連合（EU）、総務省などがガイドラインや規制を策定し、保護指針を定めています。

　ICNIRP（International Commission on Non-Ionizing Radiation Protection）は、非電離放射線のあらゆる問題に対処するために国際放射線防護学会（IRPA）が1992年に設立した独立専門組織で、WHOが公式な協力機関として正式に認めています。ICNIRPは1998年に300GHzまでの変動電磁界に関するガイドラインを発行しました（図1）。さらに1Hz〜100kHz、100kHz〜300GHzに関する新しいICNIRPガイドラインが2010年と2020年それぞれに発行されています（図2、図3）。

　電磁波が人体に及ぼす影響は刺激作用、熱作用、非熱作用の3つがあります。

　刺激作用とは、特に周波数の低い低周波電流は神経や筋肉に刺激を与えてピリピリと感じられる現象です。周波数が高くなると刺激が減少します。

　また、熱作用とは高周波の電磁波によって物体の温度が上昇する現象で、電子レンジがこの現象を利用して食品を加熱します。電磁波が人体に当たるとその一部が吸収されて微量な体温上昇を引き起こし、健康に悪影響を及ぼす可能性があります。そのため、ICNIRPは人体の電力比吸収率をSAR（Specific Absorption Rate）として規定し、総務省の電波保護指針ではスマホなどのSAR許容値を2W/kgと規制しています。

　さらに非熱作用によって遺伝子の損傷による突然変異細胞出現やガンの発症、生殖機能への影響などが危惧されています。

　労働者は労働環境において比較的強い電磁波に晒される可能性が考えられますが、その暴露条件や時間などは既知で、適切な予防措置を講じられています。一方、幼児や妊婦を含む一般大衆は曝露に対する予防措置が難しい場合があります。そのため、ICNIRPは職業暴露より一般大衆の暴露を厳しく制限しています。

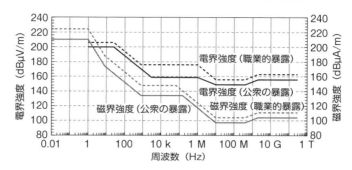

図1　ICNIRPが1998年に発行した電磁界暴露の許容参考レベル

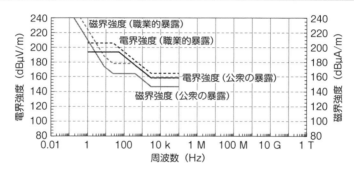

図2　ICNIRPが2010年に発行した低周波に対する新しい暴露許容参考レベル

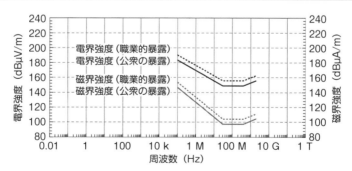

図3　ICNIRPが2020年に発行した高周波に対する新しい暴露許容参考レベル

POINT

◎電磁界が電子部品だけでなく人体にも影響を与え、その影響を評価するためにICNIRPがEMF試験と許容値を規定している

◎電磁波が人体に及ぼす影響は刺激作用、熱作用、非熱作用の3つの要因がある

電磁パルス(EMP)

EMP(Electromagnetic Pulse)とは、電子機器を損傷・破壊して通信、電力、交通、上下水道などの社会インフラに障害を引き起こす強力なパルス状の電磁波を指します。EMPは太陽フレアなどの自然現象に伴って発生することがあります。例えば1859年に発生したキャリントンのスーパーフレアと呼ばれる大規模な太陽フレアによって、カナダのケベック州全体で9時間もの停電が発生し、1921年と1960年にもそれより小規模な太陽フレアが発生して世界中で電波障害が報告されました。

人為的にEMPを発生させ、武器として利用する提案もあります。例えば上空30km〜400km程度の高さで核爆発を起こすと人体には直接的な影響はありませんが、広範囲での電力や通信インフラの機能を停止させることができます。核爆発によって放出されたガンマ線が、大気中の窒素や酸素などの分子に衝突するとそのエネルギーによって分子中の電子が弾き飛ばされます。放射された無数の電子によって数nsで数万V/mにも達するE1と呼ばれる強力なEMPが発生し、地上に到達します。E1の後に地上に到達するのはE2と呼ばれるkHz〜MHzの周波数帯のEMPで、数ms間継続します。最後にE3と呼ばれるkHz以下の太陽フレアと同じ低周波数帯域のEMPが発せし、高圧送電線などに大電流を発生させます。

大型太陽フレアや大規模EMP攻撃などに備えて、通信装置のEMP対策や次世代エネルギー供給システムなどの開発が進められています。

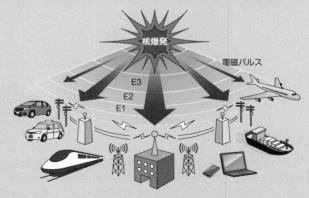

第4章

EMC対策の基本

Basics of EMC Countermeasures

4-1 車載電子機器の一般的な開発手順
車載電子機器はどのように開発されていますか？

　現在では車の基本機能となる「走る、止まる、曲がる」を実現するために電子制御ユニット（ECU）が利用されており、さらに利便性および安全性の向上のためにも各種電子システムが利用され、車の電子化が進んでいます（図1）。また最近では誤発信抑制制御や衝突被害軽減ブレーキシステム（AEBS）などの先進運転支援システム（ADAS）や自動運転、電気自動車、コネクテッドカーなどが車の電子化と情報化を促進する要因となっています。これらの車載電子機器は一般的に次の手順に従って開発されています（図2）。

1. 要求仕様書の作成

　実現したい機能、性能、外形寸法、形状、外部との接続方法などを決定します。

2. システム設計

　要求仕様書に基づいて要素技術を検討し、どの機能をアナログ回路で実現し、どの機能をデジタルにするかを決定します。またデジタルの部分でハードウェアとソフトウェアの役割分担を決め、システム全体の設計を行い、システム仕様書を作成します。

3. 要素設計

　システム仕様書に従ってハードウェア、ソフトウェア、筐体の設計を行います。ハードウェアのアナログ部分の回路方式を選定し、回路設計と基板設計を行い、回路図や基板のパターン図、部品リストを作成します。デジタル部分についてはマイコンやFPGA（Field Programmable Gate Array）、ASIC（Application Specific Integrated Circuit）などの実現手段を選定し、基板設計やソフトウェア設計を行い、基板のパターン図、FPGAのコンフィグレーションファイル、ソフトウェアの仕様書、筐体の図面などを作成します。

4. 試作と組み立て

　要素設計の結果に基づいて部品、基板、ソフトウェア、筐体などの要素を発注したり、試作したりした後にシステムを組み立てます。

5. 機能の検証とデバッグ

　組み上げたシステムが設計通りに機能しているかを確認し、設計通りに動作しなかった場合はその原因を特定して設計を見直します。

図1 現在の車に搭載されている電子システムの例

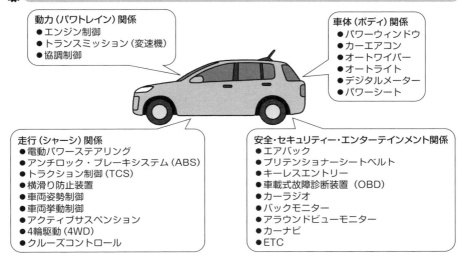

動力 (パワトレイン) 関係
● エンジン制御
● トランスミッション (変速機)
● 協調制御

車体 (ボディ) 関係
● パワーウィンドウ
● カーエアコン
● オートワイパー
● オートライト
● デジタルメーター
● パワーシート

走行 (シャーシ) 関係
● 電動パワーステアリング
● アンチロック・ブレーキシステム (ABS)
● トラクション制御 (TCS)
● 横滑り防止装置
● 車両姿勢制御
● 車両挙動制御
● アクティブサスペンション
● 4輪駆動 (4WD)
● クルーズコントロール

安全・セキュリティー・エンターテインメント関係
● エアバック
● プリテンショナーシートベルト
● キーレスエントリー
● 車載式故障診断装置 (OBD)
● カーラジオ
● バックモニター
● アラウンドビューモニター
● カーナビ
● ETC

図2 車載電子機器の開発手順

ASICなどのデジタル回路設計ではハードウェア記述言語(HDL)が一般的に使用されており、特に論理回路の動作を記述する際にはゲートレベルよりも抽象度の高いレジスタ転送レベル(RTL)が利用されている。

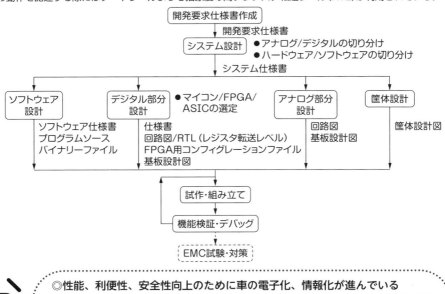

POINT
◎性能、利便性、安全性向上のために車の電子化、情報化が進んでいる
◎車載電子機器の一般的な開発の流れは要求仕様書の作成、システム設計、要素設計、組み立て、機能検証、デバッグとなっている

EMC試験と設計
自動車分野でのEMC試験や設計はどのように実施されていますか？
設計段階でEMCを考慮するにはどのようにすれば良いですか？

車載部品の開発において、設計通りに機器が正常に機能していることを確認するための性能検証試験は不可欠です。しかしこのような試験は環境および条件に依存し、条件が変わると電磁ノイズなどによって誤動作が発生する可能性があります。そのため、開発プロセスの後半にはEMC試験が行われ、自身が発する電磁ノイズを測定し、広範な電磁環境下でのEMC性能を確認します。EMC性能が不足している場合、適切な対策を講じ、再び試験を繰り返し、十分なEMC性能を確保します。さらに市販製品を開発する場合、各種EMC規制に基づく認証試験が必要になり、認証を受けるまで対策を継続的に実施する必要があります（図1）。

一般的に、EMC試験と対策には時間とコストがかかり、車載部品の場合、数ヶ月以上かかることもあり、開発の全体スケジュールに大きな影響を与えます。特に認証を受けるには規格によって指定された環境や条件、試験方法で試験を実施する必要があり、一般的には認定試験所として認められた社外のEMC試験施設に試験を委託します。そのためにスケジュールの調整が困難で、時間がかかったり、委託のためのコストがかかったりします。社内で実施できるプリコンプライアンスと呼ばれる簡易的な予備試験を行うことで認定試験の回数を減らすことができます。

EMC試験や対策にかかる時間とコストを削減する最も根本的な方法は、EMC問題が起きないようにすることで、そのためには回路基板のレイアウトやパターン、筐体、部品の配置、配線などに注意を払って設計することが重要です。一般に製品開発の初期の段階でEMC対策などのような今まで後に行われていた工程を前倒しに進めることはフロントローディングと呼ばれ、開発期間の短縮やコスト削減に有効とされています。EMCをフロントローディングするためにルールベース設計と呼ばれる手法がよく利用されています（図2）。

ルールベース設計ではこれまでの経験や理論的・物理的な考察、電磁界シミュレーションの結果、専門家のアドバイスなどから得られた知見を元に設計ルールを作成し、ルールに従って設計を行います。現在では、デザインルールチェッカー（DRC）、エクスパートシステムまたは人工知能（AI）による設計支援システムの研究開発も進められています。

図1　一般的なEMC試験の手順

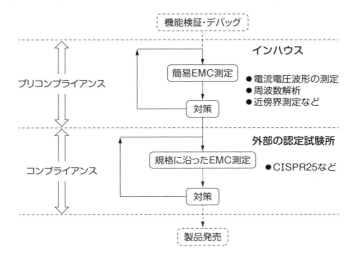

図2　ルールベース設計

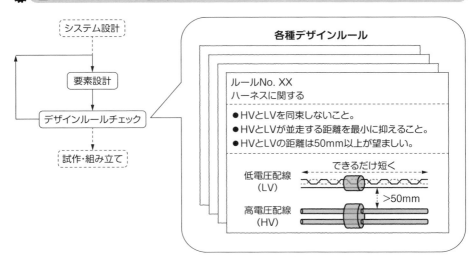

POINT
◎EMC試験と対策は開発スケジュールに影響を与えることがある
◎社外のEMC試験施設に委託して行う認証試験はスケジュールの調整やコストの課題があるため、プリコンプライアンス試験が行われている

4-3 電磁ノイズ対策の基本的な手順

自動車分野のEMC対策はどのように実施されていますか？　効率的な対策方法がありますか？

　車などの製品の発売直前まで目標のEMC性能を達成できずに対策が継続することがあり、そのために暫定的な対応が必要になることがよくあります（図1）。暫定対策はその場しのぎになりがちです。ルールベース設計は予防措置としては有効ですが、完璧なルールがなかったりルールをすべて守ることが難しかったりしますので、試作後の効果的なEMC対策が必要です。EMC対策を効率的に実施する手順は次の通りになります。

1．基準の決定

　認証を受ける場合には規格に従うことになりますが、プリコンプライアンスなどの場合には、どこまで対策したら合格とするかを決めておくことが大事です。

2．電磁ノイズの種類や周波数成分の把握

　効果的なシールドやフィルタを設計するには電磁ノイズの種類やその周波数成分を把握する必要があり、次の手順に従って試験を実施します。

　　a）　まず、試験対象や測定環境、測定器を準備します。

　　b）　次に、試験対象の動作を確認します。

　　c）　さらに、試験対象を停止した状態で背景ノイズを測定します。

　　d）　最後に、試験対象を動作させてその電磁ノイズを測定します。

　試験結果が基準を超えている場合には原因究明と対策を実施します。

3．発生源・伝搬経路の特定

　電磁ノイズは発生源から色々な伝搬経路を経由して拡散するために、一般的に発生源に近いほど効果的な対策がしやすい傾向にあります（図2）。効率的に電磁ノイズを対策するには発生源とその伝搬経路の特定が重要で、そのために電流電圧の波形やサーチプローブ（近傍電磁界プローブ）による測定が有効です。

4．対策の実施

　発生源と伝搬経路を特定できたら対策を実施します。対策として距離の拡大、接地の強化、対策部品の追加の順で実施することが一般的です。対策部品としてはシールドやフィルタなどがあります。

✿ 図1　試行錯誤によるEMC対策

現実的には発売直前まで、十分なEMC性能を確保できずに試行錯誤による暫定的な対策をせざるを得ないことも多い。

✿ 図2　発生源から電磁ノイズが拡散していく様子

一般的に発生源に近いほど伝搬経路が絞られるので有効な対策を施しやすい。

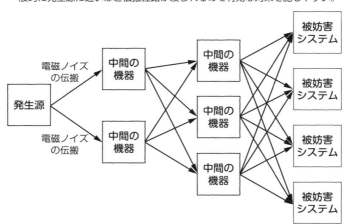

POINT
◎目標のEMC性能を達成できない場合の対策は暫定的になりがち
◎基準の決定、ノイズの種類や周波数特性の把握、発生源・伝搬経路の特定、対策の実施の順に実施することでEMCを効果的に対策できる

4-4 電磁ノイズの発生源や伝搬経路を特定する方法

電磁ノイズの発生源や伝搬経路を探り当てるためには、どのような方法がありますか？

電磁ノイズの発生源や伝搬経路を絞り込んで特定するために、次のような方法が利用されています。

1. サーチプローブを利用する方法

サーチプローブを使用して近傍磁界や近傍電界を測定することによって、原理的にはノイズの発生源を特定することができます（図1）。この方法はノイズの発生源を特定するのに大変役に立ちますが、測定精度が不足しているなどの問題があります。

2. シールドや対策部品を追加してみる方法

シールドしたりパスコンを入れたりした時に、ノイズが減少すればその箇所がノイズ源や伝搬経路であることが分かります。この方法は試行錯誤を伴うことがありますが、実際の現場で広く利用されています。

3. 周波数特性に着目する方法

電磁ノイズの周波数が伝搬途中で変わることはありません。この性質は周波数不変性と呼ばれ、これによってノイズ発生源を特定できる場合があります。例えば各部の配線の長さや幅などから寄生インダクタンスや静電容量を見積もって共振周波数を算出し、ノイズの周波数と比較します。共振周波数が一致する部分がノイズ源である可能性が高いです。また配線長や配線幅を変化させてみて、ノイズの周波数が変わればノイズ源を特定できます。他にもノイズが狭帯域であれば、発生源は一定間隔でスイッチングしている箇所と絞り込むことができます。

4. 時間軸に着目する方法

オシロスコープを使って、ノイズの発生時間と同じ時間でスイッチングしている箇所を見つけることでノイズの発生源を特定できます（図2）。

5. 電圧の依存性に着目する方法

電源電圧を変化させてノイズの周波数を観測することで発生源を特定できる場合があります。半導体の静電容量は電圧に依存するためです。電源電圧を変化させた時に、周波数が変動するノイズの発生経路は半導体を含む可能性があります。

図1 サーチプローブによる電磁ノイズ発生源の特定

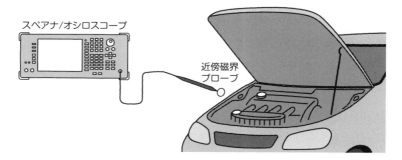

スペアナ/オシロスコープ

近傍磁界
プローブ

図2 発生時間に着目したノイズ発生源の特定

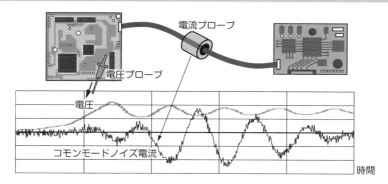

電流プローブ

電圧プローブ

電圧

コモンモードノイズ電流

時間

図3 電圧の依存性に着目したノイズ発生源の特定

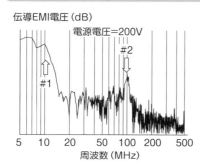

伝導EMI電圧（dB）

電源電圧＝200V

#2

#1

5　10　20　　50　100　200　　500
周波数（MHz）

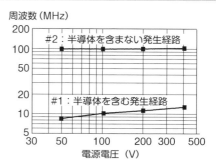

周波数（MHz）

200

#2：半導体を含まない発生経路

100

50

20

#1：半導体を含む発生経路

10

5
30　　50　　　100　　200　300　　500
電源電圧（V）

POINT ◎電磁ノイズを特定する方法にはサーチプローブ、シールドなどの対策部品、周波数特性、時間軸、電圧依存性といった、いくつかの異なるアプローチがある

4-5 真のノイズ発生源特定の難しさ

電磁ノイズの発生源や伝搬経路を探り当てるのは何が難しく、どこに注意をしたら良いですか？

　電磁ノイズを効率的に対策するためには、その発生源を特定することが非常に重要です。しかし真の発生源特定を難しくしている次のような現象が存在します。

1．多様な結合による二次・三次電磁ノイズの発生

　電磁ノイズはその発生源から配線を伝導したり、静電結合や電磁誘導、電磁波の伝搬など様々な経路を介して周りと結合したりして被妨害システムに影響を及ぼします（図1）。電磁ノイズの影響を受けた被妨害システムから新たな電磁ノイズが発生し、拡散していくことがあり、この現象は電磁ノイズの再放射と呼ばれています。再放射によって発生した二次電磁ノイズの振幅は元の電磁ノイズの振幅より大きくなることもあり、元の発生源を特定することは非常に困難です。

2．シールドを出入りするケーブルなどの配線からの電磁ノイズの漏れ

　電子回路は電源や信号などの配線を介して周りと接続され、シールドの際には全ての配線を含めて完璧にシールドすることは非常に困難です。シールドが不十分な配線を電磁ノイズが伝導するとノイズが漏れることがあります（図2）。このため、シールドしてみた結果ノイズが収まらなかったとしても、そこがノイズ源や伝搬経路ではないと即座に判断することができません。

3．フィルタなどを迂回する電磁ノイズ

　フィルタなどを使用して配線を伝導する電磁ノイズを遮断する際、ノイズ対策部品を出入りする配線間の結合を経由してノイズが迂回して外部へ漏れ出ることがあります（図3）。シールドと同様にフィルタを挿入してみた結果ノイズが収まらなかったとしても、そこがノイズの発生経路ではないと断言することができません。

4．電波吸収シートなどの対策部品の追加による電磁ノイズ伝搬経路の変化

　電磁ノイズの電流はインピーダンスの低い経路を多く流れる性質があり、電波吸収シートやシールド、フィルタなどのノイズ対策部品を挿入した場所の電磁ノイズを抑制すると、インピーダンス分布の変化によって別の箇所からノイズが漏れ出すことがあります（図4）。このような電磁ノイズの性質が、ノイズの対策や発生源の特定を難しくしています。

図1 再放射による二次電磁ノイズの発生

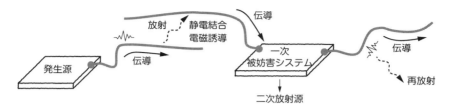

図2 配線を伝導してシールドから漏れ出す電磁ノイズ

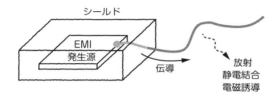

図3 入出力間の結合を経由してフィルタを迂回する電磁ノイズ

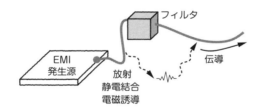

図4 対策による電磁ノイズの伝搬経路の変化

電波吸収シートなどを使用してある箇所のノイズを抑制すると別の箇所からノイズが漏れ出すことがあり、モグラ叩きに例えられている。

POINT
◎被妨害システムが二次放射源となって再放射することがある
◎シールドを出入りする配線から電磁ノイズが漏れ出すことがある
◎電磁ノイズがフィルタを迂回して外部へ漏れ出すことがある

配線のレイアウトによるEMC対策

4-6 部品をレイアウトして部品間を配線でつなぐ際には、何に注意すべきでしょうか?

　部品のレイアウトは、EMC性能に大きな影響を及ぼし、設計の際に、特に以下の点に細心の注意を払う必要があります。

1. 配線間の距離

　静電結合や電磁誘導など、あらゆる電磁界による結合の強さは距離またはその2乗に反比例し、遠く離れると結合が弱まり、接近すれば結合が強くなります（図1）。例えばモータの3相配線とセンサ線など、結合が好ましくない2本の配線はできるだけ距離を離すように配置します。一方、強く結合させたい配線、例えば差動信号の往復配線などはできるだけ接近して配置します。

2. 配線間の角度

　2本の配線が交差する場合、交差の角度が直角に近いほど結合が急激に減少します（図2）。このことから結合が好ましくない2本の配線はできるだけ直交するように配置し、強く結合させたい配線はできるだけ平行に配置します。

3. 配線の長さ

　電磁界の放射強度は長さに比例するため、配線が短いほど結合が弱まります（図3）。部品を配置する際、配線が短くなるように工夫することでEMC性能を向上させることができます。

4. 配線のループ面積

　電流は必ずリターンパスを通ってループ状に流れます。電流とそのリターンパスが接近して強く結合しているほどループの面積が小さくなり、ループから放射される電磁界も弱くなります。部品の配置や配線を設計する際、電流のリターンパスを意識してループの面積が小さくなるようにレイアウトを工夫することで周囲との結合を弱めることができます（図4）。

5. 接地面との位置関係

　面積が大きく電位が安定している、例えば車体や筐体の壁面などの金属面に配線が接近するほど周囲との結合が弱まります。このような金属面は接地面として働き、シールドの機能を持つためです。ケーブルやハーネスで配線をする際、これらを車体や筐体に沿わせるようにすることでEMC性能を高めることができます。

図1 並走する配線間の距離と結合の関係

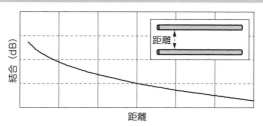

図2 交差する配線間の角度と結合の関係

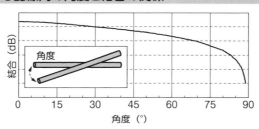

図3 配線間の長さと結合の関係

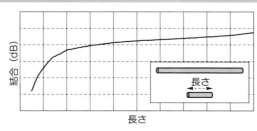

図4 ループ面積と結合の関係

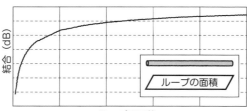

POINT

◎部品の配置、配線がEMC性能に大きな影響を与え、結合を弱めたい場合は距離を離し、角度を直角にし、配線を短くし、ループ面積を小さくする

◎配線を接地面に沿わせるようにすることで周囲との結合を弱めることができる

接地のレイアウトによるEMC対策
接地をレイアウトする際には何に注意すべきでしょうか？

接地は電圧の基準、シングルエンド配線を流れる電流のリターンパス、人が触れた際の感電防止などの機能を持ちます。接地のレイアウトはEMC性能に大きな影響を与え、その設計には細心の注意が必要です。

■ 共通インピーダンス

複数の回路で共通される電源線や接地部のインピーダンスは「共通インピーダンス」と呼ばれ、これによって回路間に結合が生じ、一方の回路の動作が他方の回路のノイズを発生させることがあります（図1）。特に接地側の共通インピーダンスの影響が大きい傾向にあります。共通インピーダンスによるノイズの発生を抑えるためには、例えば接地線を太く短くするなど、共通インピーダンスをできるだけ小さくする工夫が重要です。

■ 1点アース

接地における共通インピーダンスを減少させる方法の一つに「1点アース」と呼ばれる配線方法があります。1点アースでは各々の回路の接地を個別に配線し、接地線を共有しません（図2）。これによって共通インピーダンスを排除することができます。

■ ベタアース

1点アースの欠点として各回路の接地線が長くなり、そのインピーダンスによって回路が不安定になることがあります。特に高周波回路では接地のインピーダンスを小さく抑える必要があり、「ベタアース」と呼ばれる配線方法がよく利用されています。ベタアースではできるだけ広い金属面を接地面に使います。さらに各回路の接地を太くて短い配線で接地面に接続します（図3）。これによって共通インピーダンスと各回路個別の接地インピーダンスを同時に小さく抑えることができます。

■ グラウンドループ

信号線や接地などの配線がループを形成すると、このループがアンテナとして機能し、EMC性能を低下させる原因になります。特に接地側が問題になることが多いため、こうしたループは「グラウンドループ」と呼ばれています。配線のレイアウト時にはグラウンドループの面積をできるだけ小さくするように心がける必要があります。

図1　共通インピーダンスが発生している例

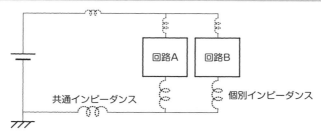

共通インピーダンス　　個別インピーダンス

図2　1点アース

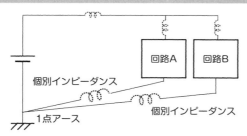

個別インピーダンス

1点アース　　個別インピーダンス

図3　ベタアース

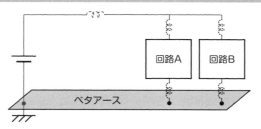

ベタアース

図4　グラウンドループが発生している例

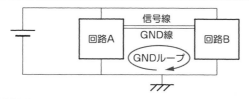

信号線
GND線
GNDループ

POINT

◎共通インピーダンスが複数の回路で共有されると回路間の結合が生じ、ノイズが発生するため、これを抑える工夫が重要である
◎接地には1点アースとベタアースといった異なる方法がある

4-8 自動車における接地の注意点
車載部品の接地をレイアウトする際に、特に注意すべきポイントは何でしょうか？

■電流電圧レベルが大きく異なる回路の混在

　現在の車両ではモータやインバータなどのパワーエレクトロニクス、センサなどのアナログ回路、マイコンなどのデジタル回路、ラジオやETC、GPSなどの高周波通信など、電流や電圧のレベルが大きく異なる多様な回路が混在しています。例えば情報システムの接地においてはスイッチング電源や動力などの「ダーティー系」と呼ばれる接地とクリーン（情報）系の接地を分離することが推奨されたり、プリント回路基板（PCB）のデジタル部とアナログ部の接地を分けることが推奨されたりしています（図1）。同様に車両の場合ではパワーエレクトロニクス系、デジタル系、アナログ系を分離し、最終的に1点アースにすることで共通インピーダンスによる結合の影響を最小限にすることができます。

■ボディーアース

　従来から車両はボディーアースを採用しており、車体を接地に利用されてきました。そのため、車体の金属が塗装されていない箇所である「アースポイント」が数箇所用意されています。しかし車体の主目的は機械的な強度を確保し、交通事故などの衝突から乗員を守ることです。さらに車体には加工の容易性、重量、コスト、耐腐食性などの要件もあり、一般的には鉄を主成分とした鋼板が使用されています。鉄の導電率は配線に使用されている銅の導電率よりも10倍以上低いため、車体の抵抗は比較的高く、その抵抗値が必ずしも管理されているわけではありません。

　また乗用車の寸法は前後左右どちらの方向でも約3m程度で、2つのアースポイントの間の距離も2m以上になる可能性があります。一般的に接地線を最も近いアースポイントに接続することで接地のインピーダンスを下げることができます。しかし、場合によっては車体が大きな共通インピーダンスになることがあり、接地線が長くなっても同じアースポイントを使用した方が共通インピーダンスが減少し、EMC性能が向上することがあります（図2）。

　さらに車載機器間をシールドケーブルで接続する場合、ケーブルのシールドを両端で接地すると大きな接地ループが形成されます。これを回避するために車両では片端のみを接地する方法がよく採用されています（図3）。

✿ 図1　推奨されているプリント回路基板の接地

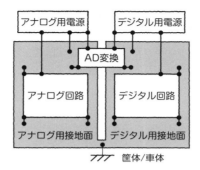

✿ 図2　アースポイントとの接続方法

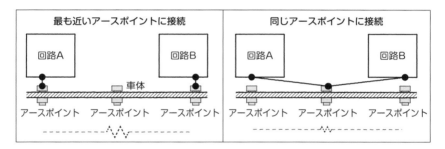

✿ 図3　シールドの接地方法

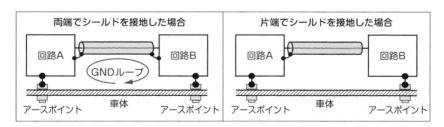

POINT

◎現在の車両では異なる電流と電圧のレベルを持つ多様な回路が混在しており、適切な接地の設計で共通インピーダンスを最小化する必要がある
◎車載機器間をシールドケーブルで接続する場合、片端接地が行われている

コンデンサによるEMC対策

4-9

EMC対策においてパスコンが使われることはよく耳にしますが、パスコンを適切に使用する際に注意すべきポイントは何でしょうか？

　コンデンサは周波数が高くなるとインピーダンスが低くなり、電流が流れやすくなるため、様々な回路で電磁ノイズを取り除くのによく利用されています。

■ バイパスコンデンサ

　バイパスコンデンサはパスコンやデカップリングコンデンサなどとも呼ばれており、電源と接地の間に挿入され、電源の伝導電磁ノイズを接地へ逃がして取り除くために使用されて、周波数特性の優れたセラミックコンデンサやフィルムコンデンサが使用されています。周波数の高い領域ではパスコンへの配線がインダクタンスとして機能し、パスコンの性能を低下させるため、配線をできるだけ短くするようにレイアウトを工夫することが重要です。例えば電源ピンと接地ピンが対角線上にあるような集積回路の場合、対角線上に2つのパスコンを配置することで配線の長さを最小限に抑えることができます（図1）。

■ 3端子コンデンサ

　通常のコンデンサは2つの端子しか持っておらず、端子のESL（等価直列インダクタンス）と呼ばれる内部の配線などのインダクタンスによって高い周波数領域でインピーダンスが増大します（図2）。パスコンに使用する際にはESLによって電磁ノイズを十分に接地に逃がすことができません。コンデンサのESLを小さくするために1つの端子を2つに分け、それぞれへの配線を磁気的に密に結合させるようにします。これは3端子コンデンサと呼ばれ、ESLを大幅に低減させることができます。3端子コンデンサをパスコンとして使用する場合、電源ラインがコンデンサ内部を貫通するように配線を接続し、残りの端子を接地します。

■ Xコンデンサ、Yコンデンサ

　電気自動車の高電圧バッテリーに接続されている正負2本の電源線は接地となる車体から絶縁されており、ノーマルモードとコモンモードの2種類の電磁ノイズが発生します。このような状況のEMC対策には、ノーマルとコモンモードそれぞれに対応して正負両電源線間に接続されるXコンデンサと正負それぞれの電源線と接地に接続されるYコンデンサが利用されています（図3）。いずれにおいても配線を極力短くする必要があります。

図1　パスコンを2つに分けて配線のインダクタンスを減らす工夫

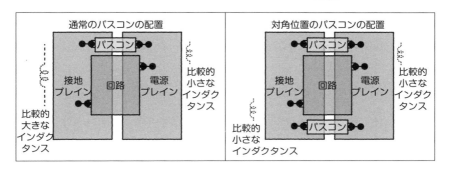

図2　2端子と3端子コンデンサのインピーダンスの比較

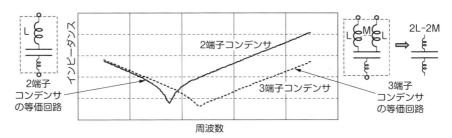

図3　Xコンデンサとコンデンサ

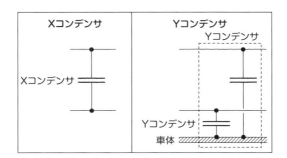

POINT
◎コンデンサは周波数が高い時にインピーダンスが低くなり、電流が流れやすくなる性質を持っているため、EMC対策によく利用される
◎パスコンの配線の長さを最小限に抑えるようなレイアウトが重要

磁気部品によるEMC対策

EMC対策にはチョークコイルやフェライトビーズが使われていると聞きますが、これらの部品は具体的にどのような役割を果たしているのでしょうか？

チョークコイルやフェライトビーズなどの磁気部品もEMC対策によく利用されています。これらの磁気部品は周波数が高くなるとインピーダンスが増大し、電磁ノイズの伝導経路に対して直列に挿入することでノイズ電流を抑制できます。

■チョークコイル

チョークコイルはフェライトなどの磁性材料でできたコアに巻線を施した電子部品で、そのインピーダンスは周波数が高くなると増大します（図1）。これにより、直流や低い周波数の電流を通す一方で高い周波数の電流を阻止でき、EMC対策やDC-DCコンバータなどの電源回路によく利用されています。実際のチョークコイルは周波数が高くなるとインピーダンスが低下し、チョークコイルとしての機能が失われることがあるため、利用できる周波数には制限があります。

EMC対策に使用されるチョークコイルは配線に直列に挿入する方法以外に磁気結合している2本の巻線で構成されるチョークトランスとしても利用されます。チョークトランスは巻線の向きによってコモンモードチョークとノーマルモードチョークの2つに分類されます（図2）。

コモンモードチョークでは2本の巻線に同じ方向の電流が流れると同じ方向の磁界が作られ、強め合います。逆方向の電流が流れると磁界の向きが逆転し、弱め合います。その結果、コモンモードチョークのコモンモード電流に対するインダクタンスはノーマルモード電流に対するインダクタンスよりも大きく、ノーマルモード電流を通しながらコモンモード電流を阻止できます（図3）。

ノーマルモードチョークはコモンモードチョークとは逆にノーマルモードのインダクタンスが大きく、ノーマルモード電流を阻止します。

■フェライトビーズ

フェライトビーズはチョークコイルよりも抵抗成分の大きな磁性材料でできており、配線をビーズの中に通すことでその配線を伝搬してきた高周波の電磁ノイズを熱に変換し、放出することでノイズを吸収します。フェライトビーズのインピーダンスはなだらかな特性を持っており、比較的高い周波数まで使用できます。

⚙ 図1 チョークコイルの周波数特性

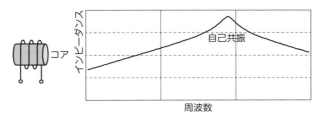

⚙ 図2 チョークコイル、コモン、ノーマルモードチョークの構造と回路記号

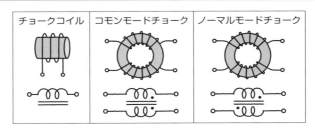

⚙ 図3 コモンモードチョークのインピーダンス

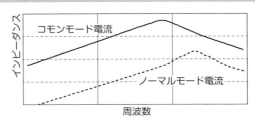

⚙ 図4 フェライトビーズの構造、等価回路と周波数特性

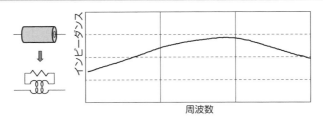

POINT
◎チョークコイルは周波数が高い時に電流が流れにくい
◎コモンモードチョークはノーマルモードを通し、コモンモードを阻止
◎フェライトビーズは高周波の電磁ノイズを熱に変換し、ノイズを吸収

抵抗によるEMC対策

抵抗を使ってEMCを対策できるのはなぜでしょうか？　その際に適切な抵抗値はどのように決めればいいのでしょうか？

　コンデンサは電磁ノイズを接地などに逃がすことができ、インダクタはノイズ電流の伝搬を遮蔽することができるため、EMC対策に利用されています。一方、抵抗は電磁ノイズのエネルギーを吸収できるため、抵抗もEMC対策として広く利用され、特にリンギングを低減させるために抵抗がよく使用されています。

　回路内の各所に存在する寄生静電容量と配線中の寄生インダクタンスによって共振回路が形成され、電圧や電流の波形にオーバーシュートやリンギングが発生します（図1）。オーバーシュートによってIGBTなどのトランジスタが破壊されたり、リンギングがトランジスタで増幅されて大きな電磁ノイズを発生させたりすることがあります。コンデンサやチョークコイルなどを使って対策しても共振周波数が変化するだけで共振を減衰させることはできません。また回路から寄生静電容量や寄生インダクタンスを完全に取り除くことができないため、オーバーシュートやリンギングを低減させるには適切な抵抗を取り付け、共振のエネルギーを吸収し、共振の品質を表すQ値を制御する方法が一般的に利用されています。

　取り付けた抵抗の値によって、共振の減衰状態が不足減衰、臨界減衰、過減衰の3つに分類されます（図2）。

　不足減衰では抵抗値が小さいと共振のエネルギーを十分に吸収できず、オーバーシュートが大きかったりリンギングが長時間持続したりします。

　一方、臨界減衰では抵抗値が臨界抵抗と呼ばれる値と等しくなると共振が振動と非振動の境界状態にあり、電圧などの波形が非振動減衰します。

　抵抗値がさらに大きくなると立上がりや立下り時間が長くなり、IGBTなどの消費電力が増加し、過減衰します。これによって回路の応答時間が延びたり熱性能が悪化したりします。

　臨界抵抗は寄生静電容量と寄生インダクタンスから計算できますが、一般的にはこれらの正確な値が分からないため、現場では試行錯誤や経験によって抵抗値を決定します。また、現場では抵抗によるEMC対策が必要になるため、EMC性能と回路の熱性能の間にトレードオフの関係があるとされています（図3）。

図1 リンギングの発生メカニズム

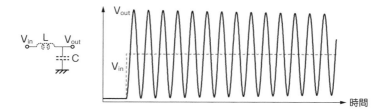

図2 抵抗によるリンギングの抑制

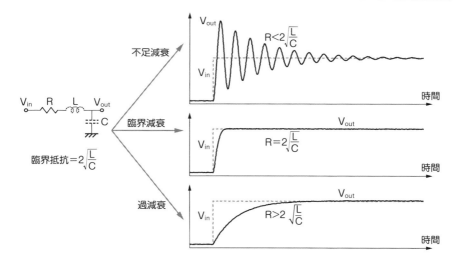

図3 EMCと熱性能のトレードオフ関係

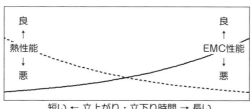

POINT

◎回路内の寄生静電容量と寄生インダクタンスによって共振回路が形成され、オーバーシュートやリンギングを引き起こす

◎適切な抵抗を使用してリンギングを効果的に低減できる

フィルタによるEMC対策

4-12

EMC対策に使用されるフィルタには、どのようなものがあるのでしょうか？

　特定の周波数帯域の電磁ノイズに対処するためには、インダクタとコンデンサを組み合わせたフィルタが効果的です。フィルタにはRCフィルタ、LCフィルタ、ローパスフィルタ、ハイパスフィルタ、バンドパスフィルタ、バンドストップフィルタ、ノッチフィルタ、デジタルフィルタなど、多くの種類があります。またパスコンやチョークコイルもそれぞれハイパスフィルタとローパスフィルタに分類されます。特にEMC対策ではLC型のローパスフィルタやノッチフィルタがよく利用されています。さらにチョークトランスとコンデンサを組み合わせることで特定のモードのノイズだけを取り除くコモンモードやノーマルモードなどの専用フィルタも実現できます。

　ローパスフィルタは遮断周波数以下の周波数成分を通し、それ以上の高い周波数成分を減衰させる作用があります（図1）。チョークコイルだけでも高周波ノイズを遮断できますが、コンデンサを並列に接続して高周波ノイズを接地に逃がすようにローパスフィルタを構成することでより大きなノイズ除去効果が得られます。ローパスフィルタにはLC型、CL型、T型、Π型など、様々な構成があり、それぞれの入出力インピーダンスが異なるため、十分な性能を得るには使用状況に合わせて適切なものを選択する必要があります（図2）。

　ノッチフィルタとは特定の周波数成分のみを取り除き、それ以外の周波数成分を透過させるフィルタです。ノッチフィルタで阻止する周波数をノッチ周波数と呼びます（図3）。配線に対して直列に並列共振回路を挿入することで共振周波数におけるノイズ電流を遮断したり、逆に並列に直列共振回路を挿入することで共振周波数におけるノイズ電流を接地に逃がしたりすることでノッチフィルタを構成できます。

　ラインフィルタとは、電源線用のノイズフィルタで、EMCの測定環境などで使用されます。正負2本の電源線に対してノーマルモードとコモンモードそれぞれのノイズを抑制する必要があります。チョークコイルとXコンデンサでノーマルモード用ローパスフィルタ、コモンチョークとYコンデンサでコモンモード用ローパスフィルタを構成することで両モード用フィルタを作成できます（図4）。

図1　ローパスフィルタの周波数特性

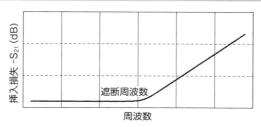

図2　ローパスフィルタの構成例

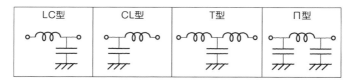

図3　ノッチフィルタの構成と周波数特性

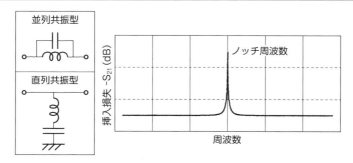

図4　ラインフィルタの構成と周波数特性

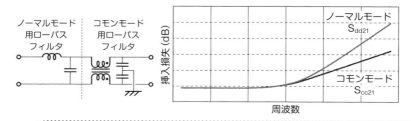

POINT
◎EMC対策においてはローパスフィルタやノッチフィルタがよく用いられる
◎ローパスフィルタは遮断周波数以下の信号を通し、高い周波数成分を減衰させ、ノッチフィルタはノッチ周波数成分のみを取り除く

4-13 アクティブノイズキャンセラー、スペクトラム拡散によるEMC対策

省スペースや軽量化したい場合に利用できるEMC対策には、どのようなものがあるのでしょうか？

■ アクティブノイズキャンセラー

遮断周波数が低くなるとフィルタに必要なインダクタやコンデンサのサイズと重量が増加し、実現が困難になります。そのため、低周波数帯域ではアクティブノイズキャンセラーまたはアクティブフィルタが利用されています。アクティブノイズキャンセラーは、ノイズの波形と逆位相の波形を発生させ、これらを重ねることで互いに打ち消し合ってノイズを取り除く技術です。騒音の大きい環境で音楽を聴く際に使用されるイヤホンやヘッドホンなどにもこの技術が採用されています。

アクティブノイズキャンセラーを利用して、モータ・インバータシステムによって発生するコモンモードの伝導電磁ノイズを抑制した事例があります（図1）。まずモータのU相、V相、W相の配線にかかるコモンモードノイズの電圧を検出するために3つのコンデンサが使用されます。この電圧に比例する逆位相の電流をプッシュプル型の増幅器などで生成し、磁気結合を介してモータの3相配線に注入します。これにより、コモンモードに対するモータの3相配線のインピーダンスが高まり、通常のフィルタよりも小型軽量なコンデンサ、インダクタ、トランジスタだけでコモンモードノイズを抑制できます。

■ スペクトラム拡散

スペクトラム拡散技術は、マイコンのクロックや無線通信の搬送波、PWMのキャリアなどから発生する電磁ノイズのスペクトラムを制御する方法として使用されます。これらの信号のスイッチング周波数の整数倍に集中した高強度のノイズを低減するために、スイッチングの間隔を微調整して周波数を分散させます（図2）。この技術はスペクトラム拡散として知られ、マイコンのクロック信号発生器に応用されたものはSSCG（Spread Spectrum Clock Generator）と呼ばれ、プロジェクタやプリンタなどの機器に利用されています。また、携帯電話やWi-Fi、Bluetoothなどの通信では、周波数ホッピング方式やDSSS（Direct-Sequence Spread Spectrum）方式などのスペクトラム拡散が変調方式として採用されています。さらにPWM信号を生成する際のキャリア周波数を変化させれば、モータ・インバータシステムから発生する電磁ノイズのスペクトラムを拡散させることが可能です（図3）。

図1 コモンモードノイズを抑制するためのアクティブノイズキャンセラーの例

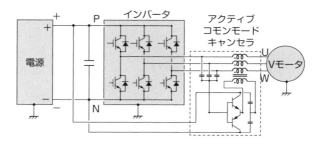

図2 スペクトラム拡散によるノイズの振幅低減

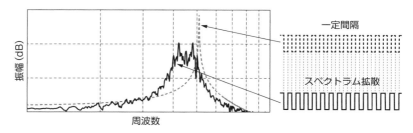

図3 スペクトラム拡散を適用したモータ・インバータシステム

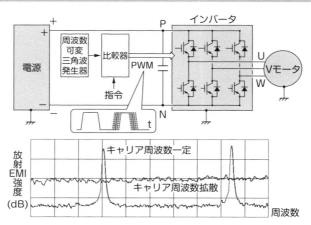

POINT
◎アクティブノイズキャンセラーは逆位相の波形を生成しノイズを打ち消す
◎スペクトラム拡散はスイッチング周波数の整数倍に集中するノイズを分散させる

絶縁やサージ吸収によるEMC対策

4-14

効果的にコモンモードノイズを対策する部品や、サージを吸収して
EMCを対策する部品にはどのようなものがありますか?

■絶縁によるコモンモードノイズ対策

　信号を光や磁気など、電流以外の媒体で伝送し、入出力間を絶縁することでコモン
モードノイズが遮断され、伝搬できなくなります。絶縁にはフォトカプラやトランス、
静電容量型デジタルアイソレーターのような部品が主に利用されています（図1）。

　フォトカプラはLEDとフォトダイオードやフォトトランジスタなどを組み合わ
せた部品で、電流を光に変換してから光を電流に戻すことで入出力間の絶縁を行っ
ています。直流から利用できる特徴がありますが、直線性が悪いため主にデジタル
用途に使用されています。一方、トランスは電流の変化を磁気に変換してから磁気
の変化を電流に戻すことで絶縁しています。直流ではトランスを使用できませんが、
直線性が良くアナログ用途でも使用できます。また信号の他に電力も伝送できたり
平衡線路のままで利用できたりする特徴もあります。静電容量型デジタルアイソレ
ーターは、静電誘導によってパルス信号を伝送しつつ絶縁を行っています。直流で
は使用できませんが、フォトカプラよりも高速で、消費電力も低い特徴があります。

■サージ吸収部品によるEMC対策

　電流が急変すると誘導性負荷などによってサージと呼ばれる過渡的な電圧が発生
し、回路を破壊したり誤動作させたりし、さらにはEMC問題を引き起こすことが
あります。これらの障害を減らすためにコンデンサや還流ダイオード、ツェナーダ
イオード、バリスタ、スナバなどのサージ吸収部品が利用されています（図2）。

　サージ吸収用コンデンサはモータなどの保護に使用され、配線と接地間に接続し
てサージ電圧を低減します。還流ダイオードはフリーホイールダイオードや帰還ダ
イオードとも呼ばれ、電流を還流することで誘導性負荷などを流れる電流の変化を
抑え、誘起電圧を電源電圧程度に制限します。一方、ツェナーダイオードはツェナ
ー電圧以上の電圧がかかると電流が流れる特性を利用してサージ電圧を抑制してい
ます。またバリスタは印加電圧が小さい時に抵抗が大きく、印加電圧が大きくなる
と抵抗が小さくなる特性を持っており、正負両方向のサージ電圧を抑制できます。
スナバはサージ電圧を吸収してトランジスタなどを保護するための回路で、RC型
やRCD型、無損失型など多くの種類があります。

⚙ 図1 入出力を絶縁するための部品例

トランスは手軽に入出力を絶縁できるが、直流に使えないため、フォトカプラが最もよく利用されている。しかしフォトカプラの応答が遅いため、高速用途にはデジタルアイソレーターがよく使用されている。

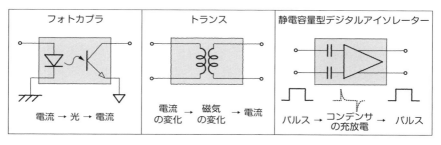

⚙ 図2 サージを吸収するための部品例

パワー半導体の保護には還流ダイオードやスナバ、制御などの低電圧回路の保護にはツェナーダイオード、モータや変圧器の保護にはコンデンサがそれぞれよく利用されている。また雷サージや静電気放電サージから保護するにはバリスタがよく使用されている。

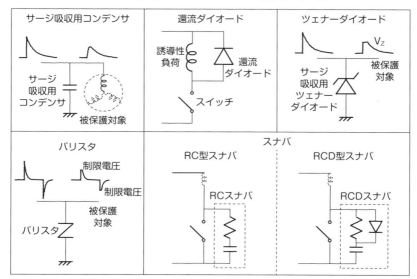

POINT
◎入出力間を絶縁することでコモンモードノイズを遮断できる
◎急激な電流変化によって発生するサージを防ぐために、スナバなどのサージ吸収部品が使用されている

シールドによるEMC対策

放射ノイズ対策のためにシールドが使われていると聞きますが、シールドにはどのような種類があるのでしょうか？

　電磁ノイズが配線に伝導するのを遮断するためにはフィルタが使用されます。一方、電磁ノイズの放射を遮蔽するためにシールドはよく利用されます。シールドは主に静電シールド、磁気シールド、電磁シールドの3種類に分類されます。

　静電シールドとは2つの導体AとBが静電結合している場合、AとBの間に別の導体Cを設け、Cを接地させることでAとB間の静電結合を弱める方法です（図1）。ただし静電シールドの効果を得るには、接地のインピーダンスが十分低くなるように注意する必要があります。また静電シールドによって、AとBそれぞれの対地容量が増加することにも注意が必要です。

　磁気シールドとは、電流ループなどの磁気の発生源の周りを磁力線が通りやすい高透磁率の磁性材料で囲むことで、筐体から外部に漏れる磁力線を抑制する方法です（図2）。これによって筐体の外側に置かれた発生源の磁力線が筐体内部に侵入することも抑制されます。透磁率が高く、断面積当たりに通過する磁力線が多いほどシールドの性能が高まります。理想的には超電導材料の反磁性を利用することで完全な磁気シールドを実現できますが、実際の自動車応用ではパーマロイやフェライトなどの材料がよく利用されています。さらに複雑な形状の筐体や車体に手軽に対応できるため、磁気遮蔽シートや磁気塗料などがよく使用されています。

　電磁波が金属などの導体に当たると電磁誘導によって金属内部を流れる渦電流が生じます。これによって電磁波の一部が反射され、残りの一部が渦電流損となって吸収されます。最後の残りの電磁波は透過波となって伝搬します。鏡が光を反射する現象もこの原理によるものです。この金属による電磁波の反射と吸収の原理を利用して電磁ノイズの発生源を金属筐体で囲むことで、放射電磁ノイズを弱めることができます。この方法は電磁シールドとして知られ、さらに金属筐体を接地することで電磁シールドと静電シールドを兼ねることができます。

　周波数が高くなると、導体を流れる電流が自ら作る磁界の影響を受けて電流が導体の断面を一様に流れることができなくなり、導体の表面に集中します。この現象は表皮効果と呼ばれ、十分な電磁シールド効果を得るには表皮厚の3倍程度以上導体を厚くする必要があります（図4）。

⚙ **図1　静電シールド**

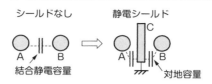

⚙ **図2　磁気シールド**

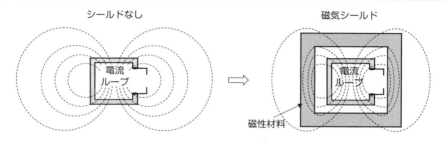

⚙ **図3　電磁シールド**

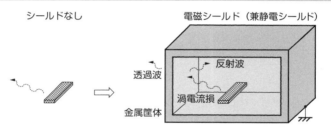

⚙ **図4　表皮効果**

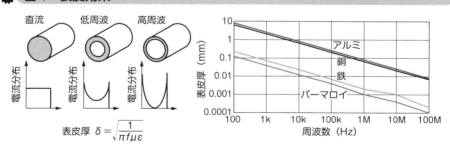

表皮厚　$\delta = \sqrt{\dfrac{1}{\pi f \mu \varepsilon}}$

POINT
◎静電シールドでは2つの導体間に接地された導体を設けて静電結合を弱める
◎磁気シールドでは磁性材料で磁気の通り道を作り、磁力線漏れを抑制する
◎電磁シールドでは高周波における表皮効果に注意が必要

開閉部や開口部がシールド性能に与える影響
筐体の開閉部や開口部の設計にはどんな点に注意する必要があるのでしょうか？

　シールドで電磁ノイズを遮蔽する際、小さな隙間からでも大きなノイズが漏れることがあり、注意が必要です。隙間から電磁波が漏れる現象はバビネの原理を使って説明できます。バビネの原理によればある物体の電磁波の回折はその物体と形状が同じで、透過率が全く逆の物体の回折に等しくなります。これにより、隙間からの漏れ電磁波を考える際にはその隙間を同じ形状と寸法の導体に置き換えることができます（図1）。バビネの原理を応用して、シールド性能が優れている金属筐体の蓋や扉などの開閉部を設計できます。一般的に開閉部と筐体の間には細長い形状の隙間が残り、この隙間はバビネの原理によって長いダイポールアンテナと同じ電磁波を放射します。これによって電磁波が隙間から漏れます。ネジの間隔を狭くしてダイポールアンテナの長さを短くすることで電磁波の漏れを減らすことができます（図2）。また、開閉部と筐体の間の隙間を埋めて電磁波の漏れを抑制するためにガスケットがよく利用されています。ガスケットには金属板バネ構造となっているフィンガーガスケット（図3）、スポンジ基材に導電フィルムや導電繊維を巻きつけた構造のソフトガスケット、導電粒子を混ぜ込んだゴムでできているエラストマーガスケットなど、いくつかの種類があります。

■開口部からの漏れに関する注意点

　開閉部以外にも一般的な筐体には配線の出入り口や熱対策のための風の出入り口など、多くの開口部があります。これらの開口部からも電磁ノイズが漏れる可能性があるため、注意して設計する必要があります。

　配線の出入り口部の開口をなくすために貫通型コネクタや貫通コンデンサ、貫通型フィルタなどの貫通型素子が利用されています（図4）。貫通型素子は円筒形をしており、筐体に設けられた貫通孔にはめ込むことでその外部電極が筐体に接続され、貫通孔を塞ぎます。これによって電磁ノイズの漏れを抑えることができます。また開口部の長さが短くなるように設計します。バビネの原理によれば細長い開口部は短いものよりも多くの電磁ノイズを漏らします。そのため、合計の開口面積が同じでも、分断された複数の短い開口にした方がシールド性能が高まります（図5）。

図1 バビネの原理

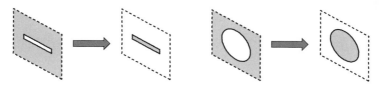

図2 ネジによる隙間の分断

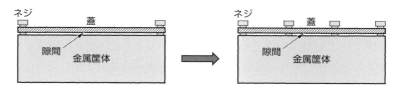

図3 フィンガーガスケットの例

図4 貫通コンデンサの断面

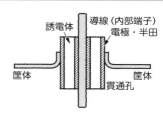

図5 開口部の形状がシールド性能に与える影響

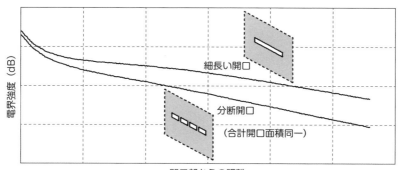

POINT
◎シールド設計に際しては小さな隙間にも注意が必要
◎ネジの間隔を狭くしたり、ガスケットや貫通型素子、短い開口部を採用したりすることによってシールド性能を高めることができる

ケーブルによるEMC対策

電磁ノイズに強いケーブルにはどのようなものがあるのでしょうか？
また、どのように注意して使用すれば良いのでしょうか？

　特に長いハーネスやケーブルは電磁ノイズを多く放射したり電磁ノイズの影響を受けやすかったりするので、EMC設計の際には十分な対策を講じる必要があります。この際、ツイストペアやシールド、同軸ケーブルなどがよく利用されています。

　ツイストペア（TP）ケーブルは、差動信号を平衡伝送するための2本の電線を撚り合わせたケーブルで、CAN通信やLANケーブルなどにも使用されています。電線を撚ることで差動信号の電流から生じる磁束が隣同士で打ち消し合い、EMI性能が向上し、また磁界の照射によって磁束が貫通する際に生じる誘起電力も互いに打ち消し合い、EMS性能も向上します（図1）。撚りの間隔はピッチと呼ばれ、小さいほど効果が高いとされています。しかし、例えば同じピッチの2組のTPケーブルが隣接している場合、一方の電流によって発生する磁束が他方に起電力を誘起してノイズとなります。このような場合、長さが異なるピッチにすることで誘起電力が互いに打ち消し合い、ノイズを低減できます（図2）。

　シールドケーブルは絶縁電線にシールドを施したケーブルで、芯線が1本の場合は単芯、複数本芯線がある場合は多芯と呼ばれます（図3）。特に単芯シールドケーブルで特性インピーダンスが規定されているものは同軸ケーブルと呼ばれ、高周波信号の伝送によく利用されます。同軸ケーブルはシングルエンドのような不平衡信号を伝送するために利用されます。

　シールドケーブルも金属筐体と同様に小さな隙間でもシールド性能を低下させ、特にコネクタとの接続部の隙間に注意が必要です。そのために種々のシールドコネクタが開発され、同軸ケーブル用にはBNCやF型、N型、SMA、SMBなどのコネクタが使用されています。またコネクタを介してシールドケーブルのシールドを筐体に接続することが推奨されていますが、現実にはピッグテールによる接地がよく利用されています（図4）。その際、接地インピーダンスをできるだけ低く抑える必要があります。さらにシールド性能はケーブルの両端のシールドを接地する方が良いとされていますが、接地ループが大きくなるため、片端接地の方が良い結果を生む場合があります。その際、近端で接地するとEMI性能が向上し、遠端で接地するとEMS性能が向上します。

🔧 図1 ツイストペア(TP)ケーブル

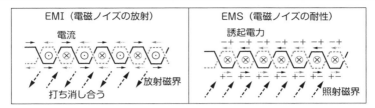

🔧 図2 ピッチが誘起電力に与える影響

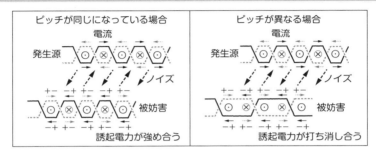

🔧 図3 シールドケーブルと同軸ケーブルの構造

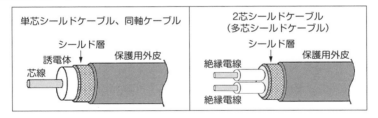

🔧 図4 ピッグテール構造

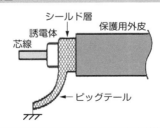

POINT
◎ツイストペア(TP)ケーブルは差動信号の平衡伝送に使用されている
◎シールドケーブルや同軸ケーブルは不平衡信号伝送に用いられ、シールド性
能を最適化するために適切なコネクタと接地方法が重要

シールドツイストペア(STP)ケーブルとシールドケーブルの性能評価

4-18

ツイストペアケーブルを使用した場合のコモンモードノイズ対策はどのようにしたら良いのでしょうか？

TPケーブルはノーマルモードの電磁ノイズを抑制しますが、コモンモードノイズには効果がありません。コモンモードノイズを抑制するためにTPケーブルにシールドを施したものはSTPケーブルと呼ばれ、シールドのないTPはアンシールドTP（UTP）と呼ばれています（図1）。シールドケーブルの性能を評価するには、間接法と直接法の2つの方法があります（図2）。

間接法はケーブルの芯線に信号を印加し、シールドから外部に漏れるノイズを電流センサやアンテナで測定してシールドによる減衰量を評価します。代表的な方法としてはCISPR 25で規格化された電流プローブ法などがあります。

直接法は間接法と逆にシールド層に信号を印加し、芯線に誘起される起電力を測定して伝達インピーダンスを評価します。国際規格IEC 61196で規格化された伝達インピーダンス法などが代表的です。シールドによる減衰量と違って伝達インピーダンスの測定には電波暗室が必要ありません。また減衰量との間に相関があるため、伝達インピーダンスから減衰量を推定することが可能です。

多芯シールドケーブルやSTPケーブルを評価する際には対象以外の芯線も測定結果に影響を与えるため、適切な接地や無反射化などの終端処理が必要です。またノーマルモードやコモンモードなど、それぞれのモードに対して評価を行い、遮蔽減衰量、結合減衰量、不平衡減衰量などを求める必要があります。遮蔽減衰量は、コモンモードノイズに対するシールドの効果を示し、全ての芯線を一括接続することで測定されます。結合減衰量は、STPに平衡的な差動信号を印加した際にシールドから漏れる不平衡成分の割合を示します。不平衡減衰量は、TPに平衡的な差動信号を印加した際に発生する不平衡成分の割合を示し、TPの対称性の良さを表しています。不平衡減衰量は、遮蔽減衰量と結合減衰量の差から求められます。

STPケーブルの性能を評価する方法には、国際規格IEC 62153で規格化されている3軸法または3重同軸法と呼ばれている方法があります（図3）。3軸法では測定対象のSTPケーブルを銅や黄銅の測定用チューブの中に通し、芯線、シールド、測定用チューブの3つが同軸状となるようにして、芯線とシールドの間にコモンモードやノーマルモードの信号を注入し、漏れ出した電磁波を測定します。

図1　STPとUTPケーブル

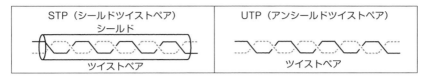

STP（シールドツイストペア）
シールド
ツイストペア

UTP（アンシールドツイストペア）
ツイストペア

図2　シールドケーブルの性能の評価

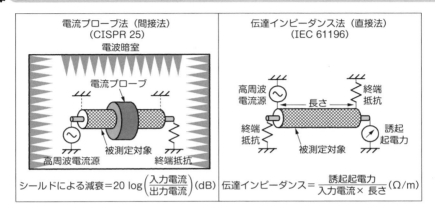

電流プローブ法（間接法）
（CISPR 25）
電波暗室
電流プローブ
高周波電流源　　被測定対象　　終端抵抗

伝達インピーダンス法（直接法）
（IEC 61196）
高周波電流源　終端抵抗　長さ
終端抵抗　被測定対象　誘起起電力

シールドによる減衰 $=20\log\left(\dfrac{入力電流}{出力電流}\right)$ (dB)

伝達インピーダンス $=\dfrac{誘起起電力}{入力電流 \times 長さ}$ (Ω/m)

図3　3軸法(IEC 62153)によるSTPケーブルの性能評価

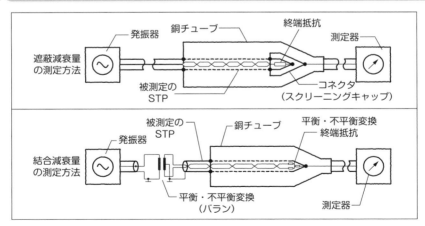

遮蔽減衰量の測定方法
発振器　銅チューブ　終端抵抗　測定器
被測定のSTP　コネクタ（スクリーニングキャップ）

結合減衰量の測定方法
被測定のSTP　銅チューブ　平衡・不平衡変換　終端抵抗
発振器　平衡・不平衡変換（バラン）　測定器

POINT ◎シールドケーブルの性能評価には、電流プローブ法などの間接的な手法と伝達インピーダンス法の直接的な手法があり、STPケーブルの性能評価には国際規格IEC 62153で規格化された3軸法が使用されている

4-19 電磁メタマテリアルによるEMC対策

メタマテリアルによるEMC対策はどんな技術ですか？

電磁メタマテリアルとは、自然界に存在する物質では考えられないような電磁応答を示すように設計された人工的な物質です。電磁メタマテリアルは電磁波の波長よりも寸法の小さい電子回路などで構成されます。

このような特殊な物質を用いることで従来の常識では考えられないほど薄い平面レンズや、光の回折限界を超え、極めて微細な構造を観察できる完全レンズなどを実現できます。さらに、負の屈折率を持つメタマテリアルで物体を覆うことで、その物体の背後からの光を遮ることなく迂回させることができます。これによってまるで透明マントを身にまとったかのように物体を視認から隠すことができます。この特性を応用すれば、電磁ノイズに晒された場合でもノイズを迂回させ、EMS性能を向上させることが可能です。

電磁メタマテリアルには、次に示す例のような多くの種類があります。

1. スプリットリング共振器（SRR）構造

SRRはリング状の細線金属環の一部にスリットが入った構造をしており、リングのインダクタンスとスリットの静電容量が共振器を構成します（図1）。共振周波数を適切に設計することで、誘電率と透磁率がともに負の左手系と呼ばれる材料を実現できます。左手系材料の屈折率は負の値を取ります。

2. 右手・左手系複合（CRLH）伝送線路

通常の伝送線路は長手方向にインダクタンス、接地との間に静電容量が分布しています。これとは逆に長手方向に静電容量、接地との間にインダクタンスを分布されることで左手系の伝送線路を実現できます。CRLH線路では右手と左手系を複合させることで長さに関係なく常に共振する線路などを実現できます。

3. 電磁バンドギャップ（EBG）構造

EBGは、誘電率または透磁率の一方だけ負になるようにCRLHを平面状に並べた構造です。これによって電磁波が伝搬できなくなる周波数帯域が発生し、この周波数帯域はEBGと呼ばれます。プリント基板（PCB）の電源と接地面の間にEBG構造を形成すれば電磁ノイズの伝搬を基板内に抑制してシールドすることができ、その結果、空間への放射が大幅に低減し、EMC性能が向上します。

図1 スプリットリング共振器(SRR)構造のメタマテリアル

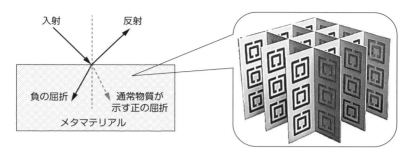

入射　反射

負の屈折　通常物質が示す正の屈折

メタマテリアル

図2 右手・左手系複合(CRLH)伝送線路

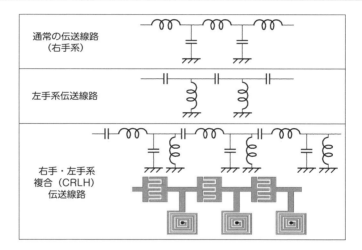

通常の伝送線路
（右手系）

左手系伝送線路

右手・左手系
複合（CRLH）
伝送線路

図3 電磁バンドギャップ(EBG)構造のメタマテリアル

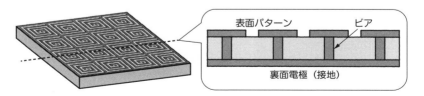

表面パターン　ビア

裏面電極（接地）

POINT

◎電磁メタマテリアルは通常の物質では考えられないような電磁応答を示し、
例えば負の屈折率を持つメタマテリアルは電磁ノイズを迂回し、EMS性能
を向上させることができる

テンペスト（Tempest）技術

　テンペスト技術はパソコンやディスプレイ、キーボード、LANやUSBケーブルなどから漏れる微弱な電磁波を傍受し、それを解析して元の情報を再現する技術です。この技術による電磁波盗聴では漏洩電磁波を観測してディスプレイに表示された画像やキーボードからの入力信号、LANやUSBケーブルを通るデータなどを傍受します。指向性アンテナを使用すれば数十m離れた場所からでも盗聴が可能とされています。電磁波盗聴の対策には電磁波を漏洩させないようにシールドやフィルタを使用する方法の他に、漏洩電磁波から再現が難しい特殊なフォントを使う方法や漏洩電磁波よりも強力な妨害波を使用する方法などが提案されています。

　またテンペスト技術を利用することで盗聴とは逆に電子透かしを実現することも可能です。電子透かしは著作権者や使用許諾先、ロゴ、コンテンツのID、コピーの可否や回数、課金情報など任意の情報を音声や動画、画像などのデータやファイルに埋め込む技術で、著作権の保護や不正コピーの検知に使用されています。テンペスト技術を活用することで意図した別の情報を漏洩電磁波に埋め込むことができます。実際に開発・公開されている「Tempest for Elisa」や「Tempest for MP3」などのプログラムを実行すると、パソコンの画面にストライプ状の画像が現れ、画面にAMラジオを近づけるとラジオから音楽が流れるという現象が観測されます。

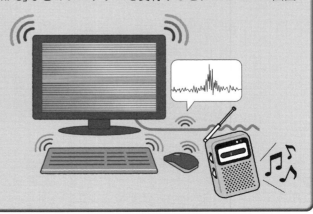

第5章

最新自動車のEMC課題

EMC Challenges in
Modern Automobiles

車が作られてから約150年が経過し、その間にターボチャージャーなどの高出力エンジン機構、遊星歯車などの動力伝達機構、アッカーマン機構、流線形車体などの機械技術が開発され、自動車の進化を支えてきました。しかし次に述べるように現在の車の進歩はエレクトロニクスと情報通信技術で支えられています。

◤電動車

　車の普及と共に、ガソリンを効率的に燃焼させたり排気ガス中の有害成分を削減したり運転を快適にしたりするため、現代の車はマイコンによるエンジン制御や自動変速機など多くの電子制御技術を採用しています。さらに近年では地球温暖化が問題となり、その主な原因となるCO_2排出を削減して脱炭素社会を実現するために電気自動車（EV）やプラグインハイブリッド、燃料電池車などの電気を動力としている電動車が普及し始めています（図1）。これらの電動車では大電力のモータやインバータが使用され、車載パワーエレクトロニクス技術が多く利用されています。

◤先進運転支援システム（ADAS）と自動運転

　従来の車の安全分野では交通事故が起きた場合の乗員を保護するためにエアバッグなどの衝突安全技術が利用されてきました。さらにABS（アンチロックブレーキシステム）などの車両運動制御技術、車載カメラなどを使用して周囲障害物を検出して警報するシステムなど、事故を起しにくくするための予防安全装置が車載されています。

　最近ではカメラやレーダーによって先行車などの障害物との距離を検出し、このままでは追突の可能性が高い場合には自動的にブレーキが作動して被害を軽減するためのAEBS（衝突被害軽減ブレーキ）など、ADASが普及し始めています。また自動運転システムも開発されつつあります（図2）。

◤コネクテッドカー

　従来の車で電波を利用する設備はラジオ程度しかありませんでしたが、最近ではETCやGPS、Wi-Fi、4Gや5Gの携帯電話など、多くの情報通信機器が車載されています。コネクテッドカーでは車が無線でインターネットに常時接続しています（図3）。

図1 電気自動車

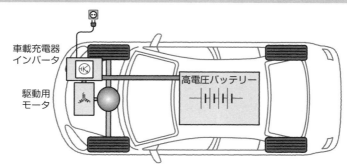

車載充電器
インバータ

駆動用
モータ

高電圧バッテリー

図2 自動運転システム

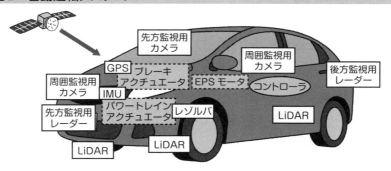

先方監視用
カメラ

周囲監視用
カメラ

GPS ブレーキ
アクチュエータ

周囲監視用
カメラ

EPS モータ

後方監視用
レーダー

IMU

コントローラ

先方監視用
レーダー

パワートレイン
アクチュエータ

レゾルバ

LiDAR

LiDAR

LiDAR

図3 コネクテッドカー

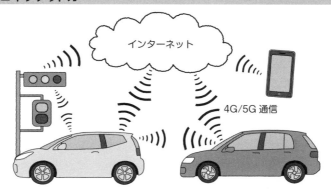

インターネット

4G/5G 通信

POINT
◎パワーエレクトロニクス技術を活用した電動車が開発されている
◎カメラ、レーダー、LiDARなどのセンサを使用した先進運転支援システム
（ADAS）や自動運転技術が開発され安全向上への貢献が期待されている

電動車両用高電圧システムのEMC課題

電動車用の高電圧システムでは、どのような特有のEMC課題があるのでしょうか？

車両を駆動するためには数kWから数百kW程度の電力が必要で、そのために一般的な電動車では数百V程度の高電圧Liイオンバッテリーが使用され、数百Aの電流が流れます。従来のガソリン車には存在しなかったこのような高電圧大電流に伴う新たなEMC課題が生じています。

1. 特に高周波領域のEMIの増加

高電圧大電流下では、寄生静電容量や寄生インダクタンスによって引き起こされる誘導電流や誘導電圧が大きくなります。これによって全周波数領域でのEMIが増加します（図1）。またトランスやコンデンサなどの回路部品を小型軽量化するために高周波化が進められ、特に周波数の高い領域でのEMIが顕著に増大します。さらにスイッチング損失および発熱を低減させ、回路を高効率化するために立上がりや立下り時間を短くし、高速なスイッチングが行われ、これによって高周波数領域のEMIがさらに増加する傾向にあります。高性能な電動車両を設計や開発する際にはEMI、特に高周波領域でのEMI対策がますます重要になっています。

2. EMC性能と高電圧安全のトレードオフ関係

高電圧安全を確保するために、高電圧部に人体が接触しないように高電圧部を絶縁体で被覆します。さらに人体が車体に触れた時に、車体経由で感電しないように高電圧部から車体を経て人体へ流れる漏電電流を小さく抑え込む必要があり、高電圧部と車体の間の絶縁抵抗を高く保つ必要があります（図2）。

一般の電動車両では、高電圧部と車体の間の漏電や絶縁抵抗の劣化を監視して異常が検出された場合に、高電圧を遮断して安全を確保するための安全機構が設けられています。しかしEMC性能を確保するには、高電圧の正負両電源と接地となる車体の間の電圧を安定させてコモンモードノイズを抑制する必要があります。そのためにYコンデンサなどを挿入して、電源と車体の間のインピーダンス（交流抵抗）を下げることが一般的に行われています（図3）。その結果、高電圧安全とEMC性能の間には互いに相容れない要求が生じます。電動車を設計や開発する際には高電圧安全を確保しつつ、EMC性能を高める工夫が求められています。

図1 電動車両のEMI強度

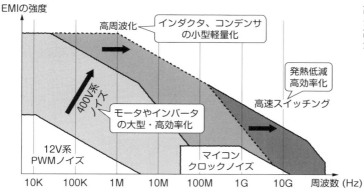

EMIの強度

高周波化 インダクタ、コンデンサの小型軽量化

400V系ノイズ

モータやインバータの大型・高効率化

発熱低減高効率化

高速スイッチング

12V系PWMノイズ

マイコンクロックノイズ

10K 100K 1M 10M 100M 1G 10G 周波数 (Hz)

高周波、高速スイッチングによって特に高周波領域のEMIが顕著に増大する。

図2 高電圧安全を確保するための絶縁抵抗に関する要求

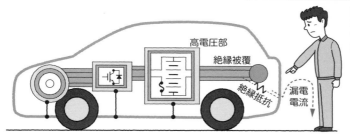

高電圧部

絶縁被覆

絶縁抵抗

漏電電流

高電圧安全を確保するために、高電圧部と車体の間に大きな絶縁抵抗が要求される。

図3 EMC性能を高めるための要求

コモンモードノイズを抑制するには、正負両電源と接地となる車体の間のインピーダンス（交流抵抗）を低く抑える必要がある。

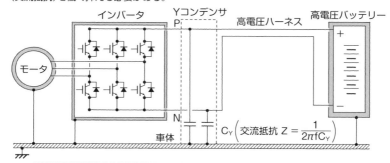

インバータ　Yコンデンサ P　高電圧ハーネス　高電圧バッテリー

モータ

N

車体　$C_Y \left(交流抵抗\ Z = \dfrac{1}{2\pi f C_Y}\right)$

POINT
◎高性能な電動車両では高電圧大電流、高周波、高速スイッチングに伴うEMC課題があり、特に高周波領域のEMIが顕著に増加する
◎高電圧安全とEMC性能の間には相反する要求が存在

電動車では駆動用モータ・インバータシステムに加えて、電動コンプレッサや
PTCヒーターなどの大電力負荷にも数百Vの高電圧が必要です。そのために高電
圧システム（HV）が構成されています（図1）。しかし各種ライトやパワーウィン
ドウ、電動パワーステアなどの補器や電装品類は、従来のガソリン車に使用されて
いる12Vや24V程度の低電圧の製品を流用してコスト削減が図られています。ま
た各種のECU（電子制御ユニット）やセンサなども、コストや従来品との互換性
を重視して低電圧で駆動されています。そのため、電動車でも低電圧システム（LV）
が必要であり、高電圧システムと低電圧システムが混載されています。このような
大きく異なる電圧システムの混在が自動車EMC課題を複雑にしています。

特に制御系のLVは、十分なEMS性能を持つように細心の注意を払って設計する
必要があります。HVから発する大きなEMIなどを受けて、制御系が誤動作すると
HVが正常に動作しなくなります。誤動作したHVから通常より大きなEMIを放出
し、制御系の正常動作をさらに妨げる可能性があります。この現象は自家中毒と呼
ばれ、HVとその制御系の結合によって生じています。制御系をHVから絶縁して
分離することで電動車両の自家中毒を対策することができます。

電動車両用モータ・インバータシステムを稼働させ、そのEMIなどを評価する
際には次の点に注意する必要があります（図2）。

1. 高電圧バッテリーや負荷モータから発する電磁ノイズ

高電圧バッテリーはBMS（バッテリー管理システム）によって複雑に制御され
ており、EMIの発生源になる可能性があります。そのために高電圧バッテリーをシー
ルドルームの外に配置し、HV-LISNを経由して配電します（図3）。また負荷モー
タも大きなEMIを発生する可能性があるため、シールドルームの外に配置し、
電磁ノイズを発生させない機械式リンクで接続します。

2. 低電圧システムと制御系の影響

モータ・インバータを稼働させるにはコントローラやドライバーなどの制御系と
低電圧バッテリーが必要であり、これらをシールドルーム内に配置する際には低電
圧線にLV-LISNを配置して電源インピーダンスの安定化を図ります。

⚙ 図1 電動車の配電システム

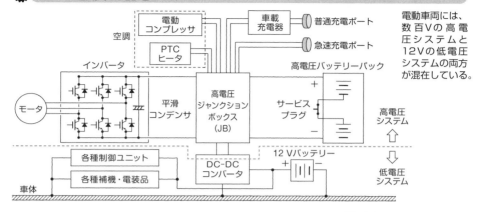

電動車両には、数百Vの高電圧システムと12Vの低電圧システムの両方が混在している。

⚙ 図2 電動車両用モータ・インバータシステムのEMC評価セットアップ

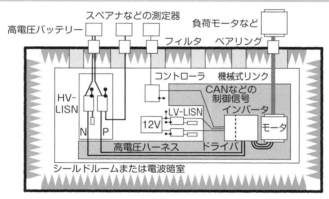

⚙ 図3 高電圧LISN(HV-LISN)と低電圧LISN(LV-LISN)の比較

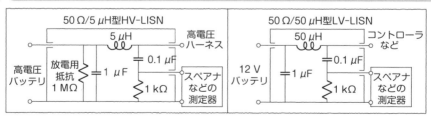

POINT ◎電動車では高電圧システムと低電圧システムが混在し、電動車両用モータ・インバータシステムのEMC評価に際して、高電圧バッテリーや負荷モータからの電磁ノイズや制御系のEMS性能に注意を要する

高電圧バッテリーに関するEMC課題

5-4

電動車用の高電圧バッテリーには、どのようなEMC課題があるのでしょうか？

　一般的なバッテリーは、一定の電圧を提供するための受動部品として扱うことができ、自らEMIを放出したり、EMIを受けて誤動作したりすることはありません。しかし電動車用の高電圧バッテリーには、安全性を確保するための管理機能が追加されており、この管理機能のEMC性能が問題になることがあります。

　電動車では数百Vの電圧を実現するために、単セル電圧が4V程度のLiイオン電池を100個程度直列に接続しています。Liイオン電池は過充電や過放電、過熱、劣化、衝撃などによって破裂したり発火したりする危険性があります。そのため、高電圧バッテリーにはBMS（バッテリー管理システム）が搭載されています。BMSは過充電などの異常を検出すると、危険と判断して高電圧システムを停止させ、安全性を確保します。

　直列接続された複数のLiイオン電池セルを充放電する際に各セルを流れる電流は同じですが、セルごとのバラツキなどの影響によってセル間に電圧差が生じることがあります（図1）。特に充放電を繰り返してセルが劣化した場合、劣化が進んで容量が少なくなったセルの電圧が他のセルよりも早く上昇したり減少したりするため、劣化したセルが過充電や過放電状態に陥る危険性があります。これを防ぐためには各セルの電圧を監視する必要があります。そのために、BMSではそれぞれの電池セルの正負両電極の間にセル電圧モニタ回路が設けられています（図2）。

　このセル電圧モニタ回路は自らの負極の電位を基準にして正極の電圧を参照電圧と比較し、異常を判断します。この縦積み構造を採用することで各モニタ回路にかかる電圧が低く抑えられ、回路を小型化できる利点があります。

　しかし、駆動用モータ・インバータシステムなどの高電圧部品の動作の影響を受けて、高電圧バッテリーにノーマルモードやコモンモードノイズが加わると、BMSの縦積構造はコモンモードノイズの影響を比較的強く受けて誤作動しやすいため、高電圧バッテリーのコモンモードノイズを十分に抑制する必要があります（図3）。さらに各セルの正極と負極の非対称性などによってコモンモードノイズが正極と負極の間の電位差に変換され、BMSの誤判断を引き起こす可能性があります。これによって高電圧システムが誤って停止する危険性がある点に留意する必要があります。

図1 高電圧バッテリーのセル単位の電圧を監視する必要性

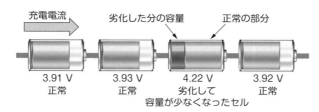

充電電流　劣化した分の容量　正常の部分

3.91 V
正常

3.93 V
正常

4.22 V
劣化して
容量が少なくなったセル

3.92 V
正常

一定の電流で充電する
場合では、劣化が進ん
で容量が少なくなった
セルが他のセルよりも
早く過充電状態に陥っ
てしまう危険性がある。

図2 BMSの回路構成例

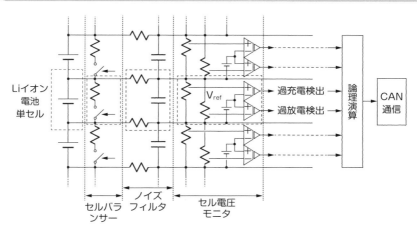

Liイオン
電池
単セル

V_{ref}

過充電検出
過放電検出

論理
演算

CAN
通信

セルバラ
ンサー

ノイズ
フィルタ

セル電圧
モニタ

図3 駆動用モータ・インバータの動作に伴うコモンモードノイズ発生例

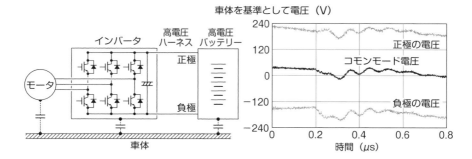

インバータ　高電圧ハーネス　高電圧バッテリー

モータ

正極

負極

車体

車体を基準として電圧（V）

正極の電圧
コモンモード電圧
負極の電圧

時間（μs）

POINT
◎高電圧バッテリーにはBMS（バッテリー管理システム）が搭載されている
◎BMSは縦積み構造を採用することで小型化している
◎BMSはコモンモードノイズなどによって誤動作する危険性がある

金属部品や高電圧ハーネスに関するEMC課題

5-5 車載金属製の機械部品は電磁ノイズに関係しますか？　高電圧ハーネスはどのようにシールドされていますか？

■ 金属部品に関するEMC課題

　駆動用モータの固定子と回転子が近接しており、ギャップが小さく、対向面積が大きいため、その間の静電容量が大きくなり、電磁ノイズが伝搬しやすい構造になっています。一方、車ではトランスミッションやディファレンシャルギア、ドライブシャフトなどの金属製の機械部品が多く使用されています。電動車ではこれらの金属部品が駆動用モータの出力軸と接続されています。その結果、インバータから発せられる電磁ノイズが3相パワーケーブルを伝わって固定子に伝導し、静電容量を介して回転子に伝播します。

　この電磁ノイズはさらにドライブシャフトなどに伝わると各金属部品がアンテナとなって電磁ノイズを放射し、車載ラジオなどの電子機器の誤動作の原因となる可能性があります（図1）。

■ 高電圧ハーネスに関するEMC課題

　高電圧バッテリーや駆動用モータとインバータを接続するためのハーネスには、高電圧に加えてインバータから発生する大きなスイッチングノイズ電圧がかかっており、大きなノイズ電流が流れています。さらに一般的な配置ではこれらの高電圧ハーネスの長さが2m程度と比較的長く、大きな電磁ノイズの放射源になる可能性があるため、十分にシールドする必要があります。高電圧ハーネスのシールドには個別シールド、一括シールド、車体を利用するシールドなどの方法があります（図2）。

　個別シールドは、高電圧バッテリーとインバータを接続する正極と負極それぞれのPN配線や駆動用モータとインバータを接続する3相それぞれのUVW配線を芯ごと別々にシールドする方法です。比較的芯線とシールドまでの距離が近くなるので周波数5MHz以下の低周波領域で高いシールド性能を示します（図3）。

　一括シールドは、正負両極のPN配線や3相UVW配線を一括してシールドする方法です。芯線同士が比較的接近しており、電流ループの面積が小さくなるので高周波領域で高いシールド性能を示します。

　車体を利用してシールドするには、車両床下に配線を配置します。飛び石などから配線を保護する必要があり、そのためにアルミパイプが使用されています。

🔧 図1　駆動用モータから車載金属製の機械部品を経て放射される電磁ノイズ

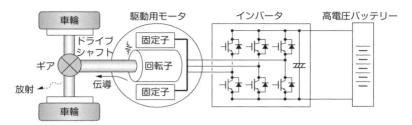

🔧 図2　高電圧ハーネスのシールド

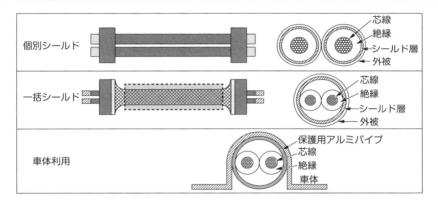

🔧 図3　個別シールドと一括シールドの効果比較例

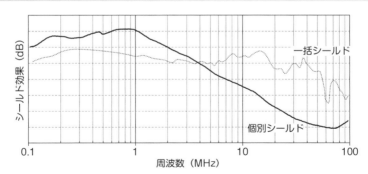

POINT
◎車載金属製の機械部品がアンテナとなって電磁ノイズを放射する
◎高電圧ハーネスが大きな電磁ノイズの放射源になるため、個別シールドや一括シールド、車体を利用したシールドなどの方法が採用されている

高電圧バッテリーの充電に伴うEMC課題

車載充電器においてはEMC対策としてどのような技術が採用されていますか？

　従来の車は電気的に孤立しており、ケーブルなどの導体を介して電力系統などの外界に接続されることはありませんでしたので、車からの電磁ノイズは電磁波の放射としてしか広がりませんでした。一方、EVを含む電動車では、車載高電圧バッテリーを充電する際には充電ケーブルや充電器を介して車を電力系統に接続する必要があります（図1）。

　電動車の電磁ノイズが充電ケーブルを伝導して、同じ電力系統に接続されている家電製品の誤動作や通信機器の雑音を引き起こさないようにするために、IEC 61000-3-2など電気機器の電源高調波に関する規制を遵守する必要があります。

　車載充電器や急速充電器では、ダイオードなどで構成される整流器で電力系統の交流電圧を整流してから平滑コンデンサと絶縁型DC-DCコンバータで高電圧バッテリーを充電するための直流電圧に変換します。この構成の充電器では平滑コンデンサへの充電電流が正弦波から大きく逸脱し、多くの高調波を含みます。高調波電流を抑制するためにチョークコイルがよく使用されますが、車載充電器の場合、小型軽量化が強く求められるため、重いチョークコイルの代わりにPFC（力率補正回路）と呼ばれる回路が使用されています。

　基本的なPFCの構成は昇圧型DC-DCコンバータとなっており、小型のリアクトルとスイッチ、ダイオードの3つの部品で構成されています（図2）。このPFCコンバータのリアクトルを流れる電流の平均を全波整流された正弦波状にするように、スイッチがPWM（パルス幅変調）制御されます。これによって電力系統からの入力電流を正弦波状に近づけ、力率を改善し、高調波を抑制することができます。

■充電器のEMCに関する規格

　高調波に関する規格のほかに充電器は各種EMC規格を満たす必要があります。特に充電ケーブルの長さが数m以上と比較的長い傾向にあるため、充電中のケーブルに伝わる伝導EMIからの放射が問題になります。そのためにPFCの他にEMIフィルタが設けられています。また最近のECE R10規制などでは、電動車の充電時のEMIを規定しており、充電モードでの試験条件や充電回路に対する試験項目などが追加されています（図3）。

🔧 図1 電動車の充電中に発生する高調波電流などの電磁ノイズ

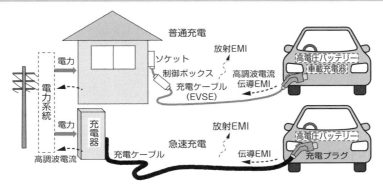

🔧 図2 PFCの回路構成例とその動作

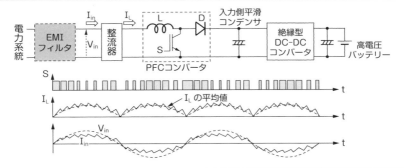

🔧 図3 ECE R10規制の電動車両充電時EMI測定セットアップ例

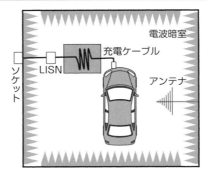

POINT

◎車載高電圧バッテリーを充電するために外部の電力系統に接続する必要があり、電気機器の電源高調波に関する規制に基づいて対策する必要がある

◎高調波対策にはPFC、EMC対策にはEMIフィルタが利用されている

ワイヤレス給電に関するEMC課題

ワイヤレス給電技術において、放射磁界の限度値が周囲よりも20dB
以上大きく設定されている理由は何ですか？

　スマートフォンを送電パッドに置くだけで充電できるワイヤレス給電が実用化さ
れています。同様に、電動車を送電パッドの真上に停車するだけで充電できるワイ
ヤレス給電の研究開発が進められています。

　ワイヤレス給電では電力系統の電力が地上設備を経て送電コイルに送られ、電流
が流れます（図1）。この電流が磁界を発生させ、磁界が受電コイルを鎖交します。
これによって受電コイルに電流が誘起され、車載設備を経て高電圧バッテリーが充
電されます。地上設備はPFC付きの整流回路と直流を高周波に変換するDC–HFコ
ンバータ、力率補償回路などで構成され、また車載設備は力率補償と高周波を直流
に戻す整流回路、インピーダンス調整回路などで構成されます。さらに地上設備と
車載設備が送受電状態などの制御用データをやり取りするために、Wi-Fiなどのワ
イヤレス通信が設けられています。

■ SAE J2954規格

　車を駆動するための大きな電力を無線で遠距離伝送するために必要な磁界は比較
的強く、従来のEMC規格を遵守したままでは車へのワイヤレス給電を実現できな
いと考えられています。そこで送電に使用する周波数帯域を決めて、その帯域にお
ける放射磁界の限度値を高めに設定する規格がいくつか検討されています（図2）。

　使用する周波数の候補には20kHz帯、85kHz帯、150kHz帯などがあります。例
えばSAE（国際自動車技術会）が発行したSAE J2954規格では、距離10m離れた位置
に置かれたループアンテナで測定した時に、周波数79kHzから90kHzまでの範囲で
磁界強度の限度値が82.8dBμA/mとなっており、周りよりも20dB以上大きく設定
されています。またSAE J2954では電力と距離によるクラス分けを行っています。

　電力においては地上設備に入力される電力が3.7kWまでをWPT1、3.7〜7.7kWを
WPT2、7.7〜11.1kWをWPT3、11.1〜22kWをWPT4、22kW以上をWPT5として
5つのクラスに分けています。

　一方、距離では車載設備のカバーから地面までの距離が100〜150mmをZ1、140
〜210mmをZ2、170〜250mmをZ3として3つのZクラスに分けています。

⚙ 図1　ワイヤレス給電の構成

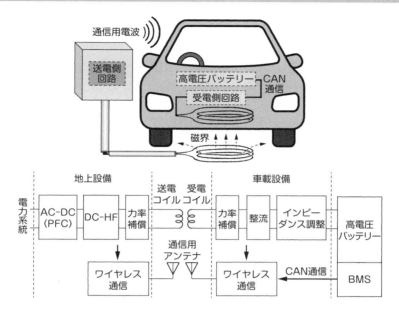

⚙ 図2　SAE J2954に規格されている磁界のガイドライン

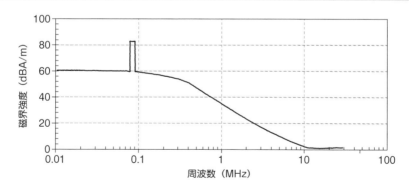

POINT
◎ワイヤレス給電では電力が地上設備を経て送電コイルに送られ、磁界を発生させて受電コイルを通じて車載バッテリーが充電される
◎SAE J2954規格では電力と距離に基づくクラス分けが行われている

ソフトスイッチングによる電力変換器のEMI対策
EMIを減らすソフトスイッチングはどんな技術で、どのように実現できますか？

車載充電器で使用されるDC–DCコンバータやPFCなどの各種電力変換器では、スイッチの立上がりや立下り時間を長くしてスイッチング速度を遅くすればEMIを低減できます。しかし通常スイッチング速度を遅くしてしまうとスイッチング損が増加する問題が生じます。そこで、電圧または電流が自然に0になる瞬間に合わせてスイッチをゆっくり切り替えるソフトスイッチングで、EMIを減らしながらスイッチング損も抑制することができます（図1）。

1. 共振型回路

共振現象には電流や電圧が0になる瞬間があります。LC共振回路を追加することでソフトスイッチング型の回路を実現できます。ただしこれらの共振型回路の動作が共振周波数に制限され、PWMによる電力などの制御が難しく、応用範囲が狭いという問題があります。そのため、共振の半周期だけを利用する擬似共振や部分共振などが開発され、さらにLLCなど、複数の共振周波数を持つ回路を利用して動作範囲を広げる研究開発も行われています（図2）。

2. ZVS–CV（クランプ型ゼロ電圧スイッチング）

共振型回路には電流や電圧のピーク値が高くなり、高耐圧や低オン抵抗の半導体スイッチが必要になるという問題点があります。そこでコンデンサを使用して電圧の変化率を制限しつつ、ダイオードなどで電圧値を制限する回路が研究開発されています。このような回路はZVS–CVと呼ばれ、特にハーフブリッジやHブリッジ回路を構成するための還流ダイオードとスナバコンデンサを利用できるため、追加部品なしにZVS–CV回路を構成することができます（図3）。ただし、負荷電流が小さすぎると電圧が下がり切る前にスイッチングが起こってしまう可能性があり、適切な負荷電流を設定する必要があります。

3. 位相シフト型回路

ZVS–CV型の回路ではPWMのデューティ比で出力を制御しますが、位相シフト型ではデューティ比を一定にしたまま位相差を使用して出力を制御します（図4）。位相シフト型回路もZVS–CVと同様に、還流ダイオードとスナバコンデンサを利用してソフトスイッチングを実現できます。

図1 通常とソフトスイッチングにおける電圧・電流波形の比較

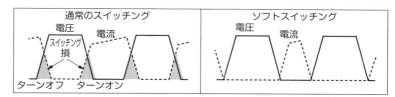

図2 LLC型共振コンバータ

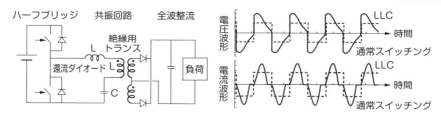

図3 ZVS−CV型インバータ

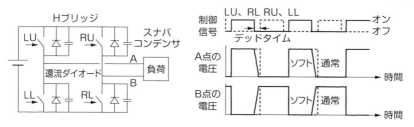

図4 位相シフト型インバータ

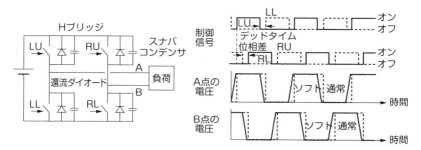

POINT

◎ソフトスイッチングでは、電圧や電流が自然に0になる瞬間にスイッチを切り替えることで、EMIを低減しながらスイッチング損も抑制できる
◎共振型回路やZVS−CV、位相シフト型回路などで実現できる

5-9 車載ミリ波レーダーシステムのEMC課題
ミリ波レーダーシステムのEMC性能はどのように評価され、またどんな固有の問題がありますか？

　ADASや自動運転システムでは、先行車などとの距離を検知するために24GHzの準ミリ波レーダーや77GHz、79GHzのミリ波レーダーが使用されています。レーダーは電波を発射し、先行車のリフレクターなどに当たって反射で戻ってくるまでの時間から距離を算出します。また細いビーム状の電波を使用し、走査することで先行車の方位も同時に検出できます（図1）。車載に加えて、交差点などに設置して自転車や歩行者などを検出するインフラレーダーシステムも開発されています。

　さらにドップラー効果を利用することで、先行車などの標的との相対速度を算出できます。そのためには連続的に電波を出し続け、その周波数を時間とともに変化させるFM−CWという方法がよく使用されています（図2）。標的からの反射波を送信波と混合することでビート（うなり）が起こり、ビートの周波数から距離と相対速度を同時に算出できます。

■ミリ波レーダーシステムのEMC評価

　あらかじめ設定した車速内で、先行車と一定の車間距離をとりながら追従走行するADASの機能は「ACC（Adaptive Cruise Control）」と呼ばれています。ACCでは先行車の検知にミリ波レーダーがよく使われ、ACCのEMC評価の際にはミリ波を反射する先行車を電波暗室内で模擬する必要があります。そのために可動なコーナーリフレクターが使用され、リフレクターを前後左右適切に動かすことによって、自車が追従している先行車両が突然、隣接車線へレーンチェンジしたり、自車の隣接車線を走行している車両が自車前方に合流してきたりするシチュエーションを電波暗室内に再現してACCを機能させます（図3）。これによってACCが機能している最中のEMC性能を評価できます。

■ミリ波レーダーシステム固有のEMC課題と対策例

　ミリ波レーダーシステムでは、距離や相対速度の情報をCANなどの通信ネットワークでコントローラへ送る際の電磁干渉がEMC問題を引き起こしますが、対向車やインフラの電波を受信してもシステムが誤動作します（図4）。その対策として45°の直線偏波を使用する方法があります。これによって自車と対向車の偏波面が直交し、干渉が起こりにくくなります。

図1 ミリ波レーダーシステム

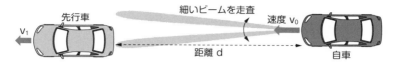

図2 FM-CWレーダーによる距離と相対速度の測定原理

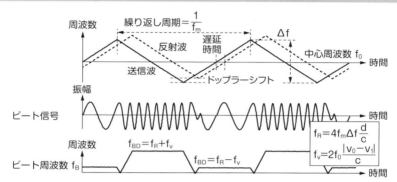

$$f_R = 4f_m \Delta f \frac{d}{c}$$

$$f_v = 2f_0 \frac{|v_0 - v_1|}{c}$$

図3 ミリ波レーダーシステムのEMC性能を評価するためのセットアップ例

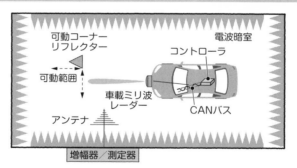

図4 対向車のレーダー電波の干渉を受けている様子

POINT
◎ACCシステムのEMC評価のために可動なコーナーリフレクターを電波暗室内に設置し、様々な走行シチュエーションを再現する
◎対向車のレーダーを誤受信する対策として45°の直線偏波を使用する方法がある

車載カメラシステムのEMC課題

5-10 車載カメラシステムのEMC性能はどのように評価され、またどんな固有の問題がありますか？

ADASや自動運転車には歩行者や先行車、対向車、バイク、自転車などの障害物、信号機や信号標識、車線などを検出するために車外の前方、後方、後側方や周囲などを監視するために多くのカメラが使用されています。さらに車室内にはドライブレコーダーやドライバー、乗員を監視するカメラなどがあり、これらのカメラは光軸の方向、画角、解像度などが異なります（図1）。例えば遠方の車線や歩行者を検出するには高解像度が必要であり、自車の真横から割り込んでくる自転車検出には高フレームレートが必要です。

カメラシステムは一般的にレンズで集められた光をイメージセンサで受光し、前処理した後の映像信号が車載カメラリンクやIEEE 1394などを経由して画像処理装置へ伝送されます（図2）。その際、1画素のデータを8ビットとし、1000万画素のデータを100fps伝送するには8Gbpsの伝送速度が必要になります。このような高速なカメラリンクにはEMC性能を確保するための評価と対策が必須です。

■ 車載カメラシステムのEMC評価

車の前方に設置されたカメラの映像を使用して車線を認識し、車両が車線の中央付近からずれようとするとハンドルに操舵力を加えて車線維持をアシストするADASの機能は「LKAS（Lane Keep Assist System）」と呼ばれています。LKASを作動させるには、レーンマーカーなどが映っている映像をカメラに入力する必要があります。電波暗室内でLKASのEMC性能を評価するには車の前方にスクリーン、ルーフにプロジェクタを設置してレーンマーカーが映っている映像を投影する方法があります（図3）。

■ 車載カメラシステム固有のEMC課題と対策

カメラリンクにSTPケーブルを利用するなど、カメラシステムにおいても他の電子機器のEMC対策は有効ですが、画像処理による平滑やエッジ強調などのソフトウェアによるフィルタもよく使用されています。またレーダーと同様に車載カメラシステムは対向車のヘッドライトや太陽の逆光などの環境光の影響を受けて誤動作する可能性があります。その対策にはシャッター速度の最適化、赤外線カットフィルタの使用などの方法があります。

図1 ADASで使用されている車載カメラシステムの例

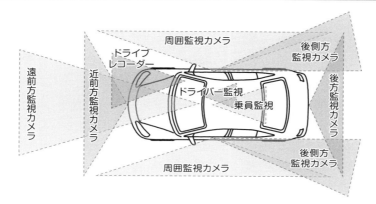

図2 カメラシステムの構成例

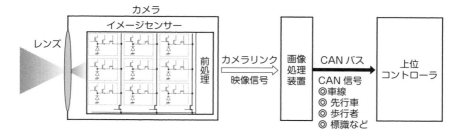

図3 車載カメラシステムのEMC性能を評価するためのセットアップ例

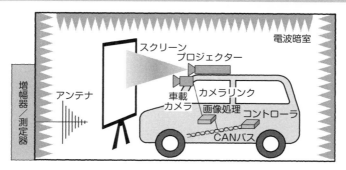

POINT

◎ADASや自動運転車には多くの高解像度、高フレームレートのカメラが使用されており、これらの画像データを伝送する際にはEMC性能を確保するための評価と対策が必要である

LiDARと自動運転システムのEMC評価
具体的に走行シーンを再現しながら自動運転システムのEMC性能を
評価するにはどのようにしたら良いですか？

　自動運転システムでは、ミリ波レーダーとカメラシステムに加えて「LiDAR」と
呼ばれるセンサもよく使用されています。LiDARは、レーザーレーダースキャナ
ーとも呼ばれ、一つのセンサでレーダーの測距とカメラのパターン認識の両機能を
実現するために、波長905nmなどの近赤外線レーザー光を水平と垂直の両方向に
走査してその反射光の遅延時間と強度から距離とターゲットの表面反射率を同時に
算出します（図1）。LiDARの出力は3次元の座標と色情報を組み合わせた点群で構
成され、点群データを信号処理装置へ伝送し、処理することで障害物や車線などの
情報を算出しています。その際、通信ケーブルなどが電磁ノイズの影響を受けない
ようにSTPを使用したりすることでEMC性能を確保します。またLiDARも対向車
のレーザーや太陽の逆光の影響を受けます。逆光の対策として光学フィルタを利用
する方法や、比較的目に優しく太陽光の影響を受けにくい波長1550nmのレーザー
を使用する方法などがあります。

■自動運転システムのEMC評価

　安全を確認しつつ車を自動的に目的地に向かわせるためには、周囲の道路や建物
などの走行環境に対する自車の正確な位置や姿勢などを知る必要があり、自動運転
システムではミリ波レーダーやカメラ、LiDARなどを使用して走行環境を検知し、
さらにGNSS（全地球航法衛星システム）やIMU（慣性計測装置）などを使用して
自己位置や姿勢を特定します（図2）。この時、複数のセンサのデータを統合したり
融合したりするセンサフュージョン技術を利用して単体のセンサよりも正確なデー
タを得ています。そしてSLAM（自己位置推定と環境地図作成の同時実行）技術を
使用して走行環境地図を作成しながら周囲と自車の位置や姿勢の正確な関係を算出
し、車を制御します。

　このような複雑なセンサシステムを作動させてそのEMC性能を評価し、対策を
講じる際には電波暗室内に走行環境やGNSS信号などを正確に再現することが不可
欠です。そのためにプロジェクタとコーナーリフレクターを利用して走行シーンご
とのカメラとミリ波レーダーの動作を再現しつつ、同期したGPS信号などを電波暗
室内に導入します（図3）。

図1 LiDARの構成例

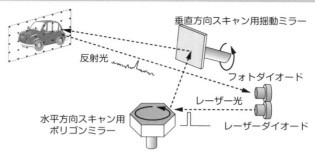

図2 自動運転システムで使用される各種センサデータの流れ

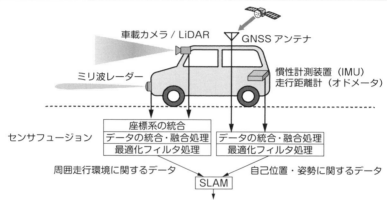

図3 自動運転システムのEMC性能を評価するためのセットアップ例

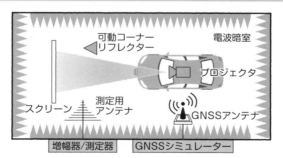

POINT
◎LiDARは測距とパターン認識機能を併せ持つ
◎自動運転システムのEMC性能を評価するには、複数のセンサの動作を再現しつつGPS信号を電波暗室内に導入する必要がある

車載ネットワークに関するEMC課題

CAN通信はどのような通信で、どのように電磁ノイズの影響を受けますか？

　現代の自動車では電子制御ユニット（ECU）、各種センサ、マルチメディア機器などを接続するために、多重化などによって配線の本数を削減でき、通信速度を向上させ、冗長性を備えて伝送中の誤りを検出や訂正できるCANなどのデジタル通信を採用しています。特にCAN通信は電磁ノイズの影響を受けにくく、その信頼性から制御用の車載ネットワークの標準プロトコルとされています。

　CAN通信には、データ伝送速度が125kbpsまでの低速と1Mbpsまでの高速の2種類があり、それぞれがISO 11519とISO 11898として規格化され、TP（ツイストペア）ケーブルによるバス型ネットワークの半二重シリアル通信となっています（図1）。

　またCAN通信は、マルチマスター方式となっており、送信したいノードが複数ある場合のデータの衝突を回避したりノードを動的に追加・離脱できたりする制御が採用されています。さらにCANバスでは反射を防ぐために終端抵抗やコンデンサを組み合わせて終端するようになっています。

　CAN通信はCAN_HとCAN_Lという2本のケーブルによる差動伝送を採用しており、0と1のデータを送信するためにCANバスをそれぞれ電圧差がないドミナントレベルと差があるレセッシブレベルにします（図2）。

　さらにCAN通信は、伝送中に発生するビットエラーなど様々なエラーを検出し、エラーフレームを送信して他のノードに知らせ、受信フレームを破棄する機能を持っています（図3）。また各ノードの送信エラーと受信エラーのカウンターを利用してエラーを多発するノードに与えられる送信権を抑制したり、ネットワークから切り離したりする処置を段階的にとれるようにしています。

　電動車や自動運転車、コネクテッドカーなどのような過酷な電磁環境では、ノイズに比較的強いCAN通信でもノイズの影響を受けて誤動作し、データフレームの損失率が増加して通信の品質が低下することがあります（図4）。これを対策するために、CANバスをシールドしたりSTP（シールドツイストペア）ケーブルやコモンモードフィルタを使用したりする方法があります。

⚙ 図1 CAN通信の構成例

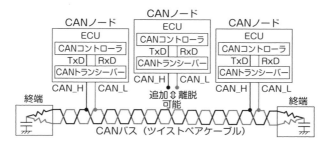

⚙ 図2 CAN信号の例

⚙ 図3 CAN通信のエラーチェック

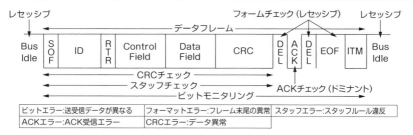

ビットエラー:送受信データが異なる	フォーマットエラー:フレーム末尾の異常	スタッフエラー:スタッフルール違反
ACKエラー:ACK受信エラー	CRCエラー:データ異常	

⚙ 図4 電動車のCAN通信

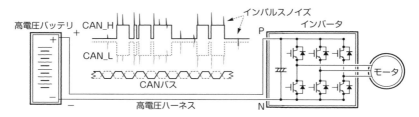

POINT
◎現在の自動車ではECUやセンサ、マルチメディア機器を接続するために電磁ノイズに比較的強いCAN通信が採用されている
◎電動車や自動運転車ではCAN通信でもノイズの影響を受ける

ワイヤレス・デジタル通信の品質評価
ワイヤレス・デジタル通信の評価尺度や品質向上技術には、具体的に
どのようなものがありますか？

現在の自動車ではGPSやETC、4G／LTEや5Gの携帯電話、Wi-Fiなど多くのワイヤレス情報通信が利用されており、これらの通信の品質を確保することが大きな課題となっています。ワイヤレス通信では周波数の高い搬送波に変調をかけて信号を伝送し、変調の方法はAMやFMのようなアナログ変調方式とASKやPSK、QAMなどのようなデジタル変調方式があります（図1）。

アナログ変調方式の通信品質は、SNR（信号対雑音比）やCNR（搬送波対雑音比）によって直接的に評価できます。しかしデジタル通信では誤り検出・訂正や受信パケットの破棄・再送要求などによって高い通信品質を確保しています。そのため、デジタル変調方式の通信品質を評価するには、受信した信号のレベルやCNRに加えて、補正前のBER（ビット誤り率）、補正後のBERやPER（パケット誤り率）、MER（変調誤り率）などのシステムとして多方面からの評価が必要とされています。

例えば地デジ（地上デジタル放送）では、補正前のBERは放送局からのデータがどの程度正確に受信できていないかを表す数字であり、補正前のBERが一定以上になると補正が効かなくなり、受信の品質が急激に劣化します。またMERは受信した信号の振幅や位相が伝送途中に加わったノイズなどによって放送局から送信された理想の信号の振幅や位相からどの程度ずれているかを表す数字で、受信した信号のレベルが高くても、BERやMERが悪ければ映像が映らないことがあります（図2）。

BERは変調方式などによって大きく変化し、MERはCNRと強い相関があることが知られています（図3）。

■ワイヤレス通信に影響する電磁ノイズ

ワイヤレス通信では、空間を経て離れた位置間で信号をやり取りしているため、周囲の電子機器や自らのEMIに加えて自然雑音や人工雑音の影響を受けて品質が劣化することがあります（図4）。ワイヤレス通信機器の設計・開発にはこれらのノイズも念頭に入れることが必要です。

図1 ワイヤレス通信で使用されている各種変調方式

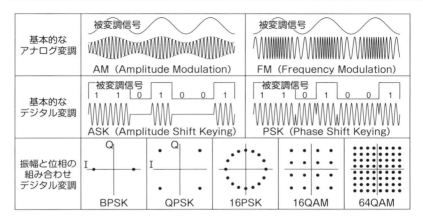

図2 地上デジタル放送テレビの信号品質と受信状況の関係

ビット誤り率 BER	10^{-1}	10^{-2}	10^{-3}	10^{-4}	10^{-5}	10^{-6}	10^{-7}	10^{-8}
	受信不可				誤り訂正によって受信可			誤りなし

変調誤り率 MER (dB)	19	20	21	22	23	24	25	26	27
	受信不可	受信できるが余裕が少ない						良好	

図3 MERとCNRの相関

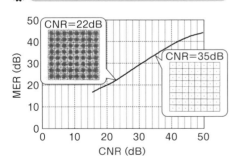

図4 補正前BERとCNRの相関

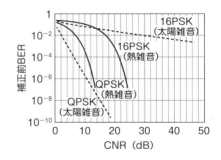

POINT ◎現代の自動車では多くのワイヤレス・デジタル通信が活用されており、その品質を評価するにはSNRやCNRだけでなく、BER、PER、MERなどの複数の評価尺度が必要となる

車載ワイヤレス通信機器のEMC評価

最近では車載ワイヤレス通信機器のOTA試験が行われていると聞きますが、その理由は何ですか？

■ OTA (Over-The-Air) 試験

　自動運転車やコネクテッドカーなどに搭載されているワイヤレス通信機器は送受信用のアンテナと本体となる無線端末で構成され、その送受性能やEMC性能を評価するため、従来では電波暗室内でアンテナと端末の性能を別々に評価していました（図1）。そのためには、アンテナからの入力信号を模倣したり測定機器との接続のための余分なケーブルを使用したりする必要があり、これらのケーブルは実使用時と異なる電磁ノイズの元になるため、極力排除することが望まれています。

　できるだけ実使用時に近い形でワイヤレス通信機器を評価する方法としてOTA試験があります。OTA試験は携帯電話やスマートフォンの性能評価でも利用されており、アンテナと無線端末本体を接続したまま、まとめて性能評価を行います（図2）。そのためには基地局やサーバーなどの固定局を模倣するシミュレーターを使用して、移動局となるワイヤレス通信機器と固定局の間のアップリンクとダウンリンクそれぞれの通信環境を模擬し、送受信性能やEMC性能の評価を行います。

■ 車載ワイヤレス通信機器のOTA試験

　現在の自動車、特に電動車や自動運転車などで使用されているGPSなどの車載ワイヤレス通信機器の誤動作が交通事故の原因になる可能性があるため、できるだけ実使用に近い状態でその性能を評価する必要があります。そのために近年では機器を標準搭載した状態で車両ごとのOTA試験が行われています。

　一方、現在のWi-Fiや5G通信などでは高品質な高速通信のために複数の小アンテナで構成されるMIMOアンテナが使用されています。これによって電波の形を複数の鋭いビーム状にし、ビームが移動する物体を追うようにするビームフォーミングやビームトラッキングを実現できます。

　MIMOアンテナを使用する通信に対する車載ワイヤレス通信機器のOTA試験を行うために、基地局シミュレーターを電波暗室の外に設置し、回転可能なMIMOアンテナを通じて車両の機器と通信するようにします（図3）。さらに車両をターンテーブル上に置くことで天頂角と方位角の全方向から電波を当てることができるようにします。

図1 従来の無線端末の性能評価

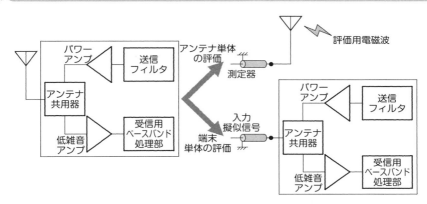

図2 OTAの無線端末の性能評価

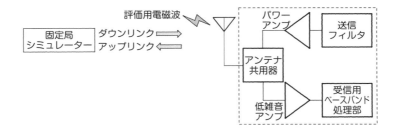

図3 車載ワイヤレス通信機器のOTA試験

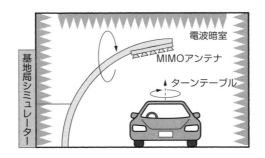

POINT

◎ワイヤレス通信機器のOTA試験では、アンテナと端末をまとめて実使用に近い状態で通信機器の送受信性能やEMC性能を評価する

◎通信機器を標準搭載したままで車両ごとのOTA試験が行われている

人工電磁環境が生物に与える影響

　EMC対策をしていると、電波が見えたらどれほど便利かと思うことがあります。光も電磁波の一種で、可視光なら肉眼で見ることができます。また赤外線なら皮膚で温度として感じることができます。しかし、地磁気のような極低周波の電磁界や日常に利用されているラジオ放送や、携帯電話のような電波は人が感じることができないとされています。

　極低周波の電磁波に関しては渡り鳥が地磁気の方向や強さを感知して自分の位置を判断したり、蜜蜂が体内の磁石で地磁気を感知して巣作りの方向を決めたり、鮭が産卵のために外洋から生まれ故郷の川に戻るときに地磁気を頼りにしたりすることが知られています。また、エレファントノーズフィッシュという魚は、尾部の発電器官によって発する電界を象の鼻のように見える顎の感覚器で感知して電界の変化から餌を見つけています。2019年には米国のカリフォルニア工科大学などの研究者グループが、人間にも自分では気づかないが、地磁気を感じ取る感覚器官が備わっている可能性があることを示す研究成果を発表しました。

　2014年にはドイツのオルデンブルク大学などの研究者グループが、ヨーロッパコマドリという渡り鳥が地磁気を感じ取る感覚が、都市部に多くある電子機器から発する微弱な電磁ノイズの影響を受けることで方向感覚を失う可能性を示す研究結果を発表し、近年の渡り鳥の減少の一因となっている可能性が指摘されています。見えないけれども人間が便利に利用している電磁波は環境を汚し、他の生物に影響を与えてしまうことを心に留めておく必要があります。

索　引 (五十音順)

あ行

か行

178

―――――――― 著者紹介 ――――――――

クライソン　トロンナムチャイ（Kraisorn Throngnumchai）

1958年、タイ・バンコク生まれ。1976年、来日。1986年、東京大学
大学院工学系研究科電子工学博士課程修了。工学博士。同年、日産自
動車株式会社入社。2018年、日産自動車株式会社退社。同年、神奈
川工科大学創造工学部自動車システム開発工学科の教授に就任。現在
に至る。技術士（電気電子部門、総合技術監理部門）、ソフトウェア
開発技術者、第一級陸上無線技術士などの国家資格を保有。

パワーエレクトロニクスや高周波回路、センサなどの技術を自動車に
応用する研究や、自動車用電動システムに関する教育研究などに従
事。自動車技術会車載用パワーエレクトロニクス技術部門委員会の委
員、タイ自動車技術会（TSAE）の技術顧問などを務める。2009年に
精密工学会画像応用技術専門委員会第15回小笠原賞、2013年に電気
学会産業応用部門論文賞をそれぞれ受賞。

著書に、『ワイヤレス給電技術入門』（共著、2017年、日刊工業新聞
社）、『自動車用パワーエレクトロニクス―基盤技術から電気自動車で
の実践まで―』（単著、2022年、科学情報出版株式会社）、『トコトン
やさしい自動運転の本（第2版）』（単著、2022年、日刊工業新聞社）。

きちんと知りたい！
自動車 EMC 対策の必須知識　　　　　　　NDC 537.6

2024 年 2 月 26 日　初版 1 刷発行　　　（定価は、カバーに）
　　　　　　　　　　　　　　　　　　　（表示してあります）

　　　　　　© 著　　　者　　クライソン　トロンナムチャイ
　　　　　　　発 行 者　　井　水　治　博
　　　　　　　発 行 所　　日 刊 工 業 新 聞 社
　　　　　　　　　　　　東京都中央区日本橋小網町 14-1
　　　　　　　　　　　　　（郵便番号　103-8548）
　　　　　　電　　話　書 籍 編 集 部　03-5644-7490
　　　　　　　　　　　販売・管理部　03-5644-7403
　　　　　　　　　　　Ｆ Ａ Ｘ　　　03-5644-7400
　　　　　　振替口座　00190-2-186076
　　　　　　URL　　　https://pub.nikkan.co.jp/
　　　　　　e-mail　　info_shuppan @ nikkan.tech
- -
　　　　　　印刷・製本　　美研プリンティング

　落丁・乱丁本はお取り替えいたします。　　2024 Printed in Japan
　　　ISBN978-4-526-08312-9　C 3054
本書の無断複写は、著作権法上での例外を除き、禁じられています。